RAPPORT

DE LA COMMISSION CHARGÉE D'ATTRIBUER

PRIX D'HONNEUR DÉPARTEMENTAUX,

Offerts par la Société d'Agriculture, Sciences et Arts de la Dordogne,

AUX DOMAINES LES MIEUX TENUS

ET AUX FERMIERS

Les plus distingués de l'arrondissement de Nontron,

À L'OCCASION DU CONCOURS DÉPARTEMENTAL EN 1873,

PAR

M. GOUGUET,

SECRÉTAIRE-RAPPORTEUR.

(Extrait des *Annales de la Société d'Agriculture, Sciences et Arts de la Dordogne.*)

PÉRIGUEUX

IMPRIMERIE DUPONT ET Cᵉ, RUES TAILLEFER ET DES FARGES.

1874.

S

RAPPORT

DE LA COMMISSION CHARGÉE D'ATTRIBUER LES

PRIX D'HONNEUR DÉPARTEMENTAUX,

Offerts par la Société d'Agriculture, Sciences et Arts de la Dordogne,

AUX DOMAINES LES MIEUX TENUS

ET AUX FERMIERS

Les plus distingués de l'arrondissement de Nontron,

A L'OCCASION DU CONCOURS DÉPARTEMENTAL EN 1873,

PAR

M. GOUGUET,

SECRÉTAIRE-RAPPORTEUR.

(Extrait des *Annales de la Société d'Agriculture, Sciences et Arts de la Dordogne.*)

PÉRIGUEUX

IMPRIMERIE DUPONT ET Cᵉ, RUES TAILLEFER ET DES FARGES.

1874.

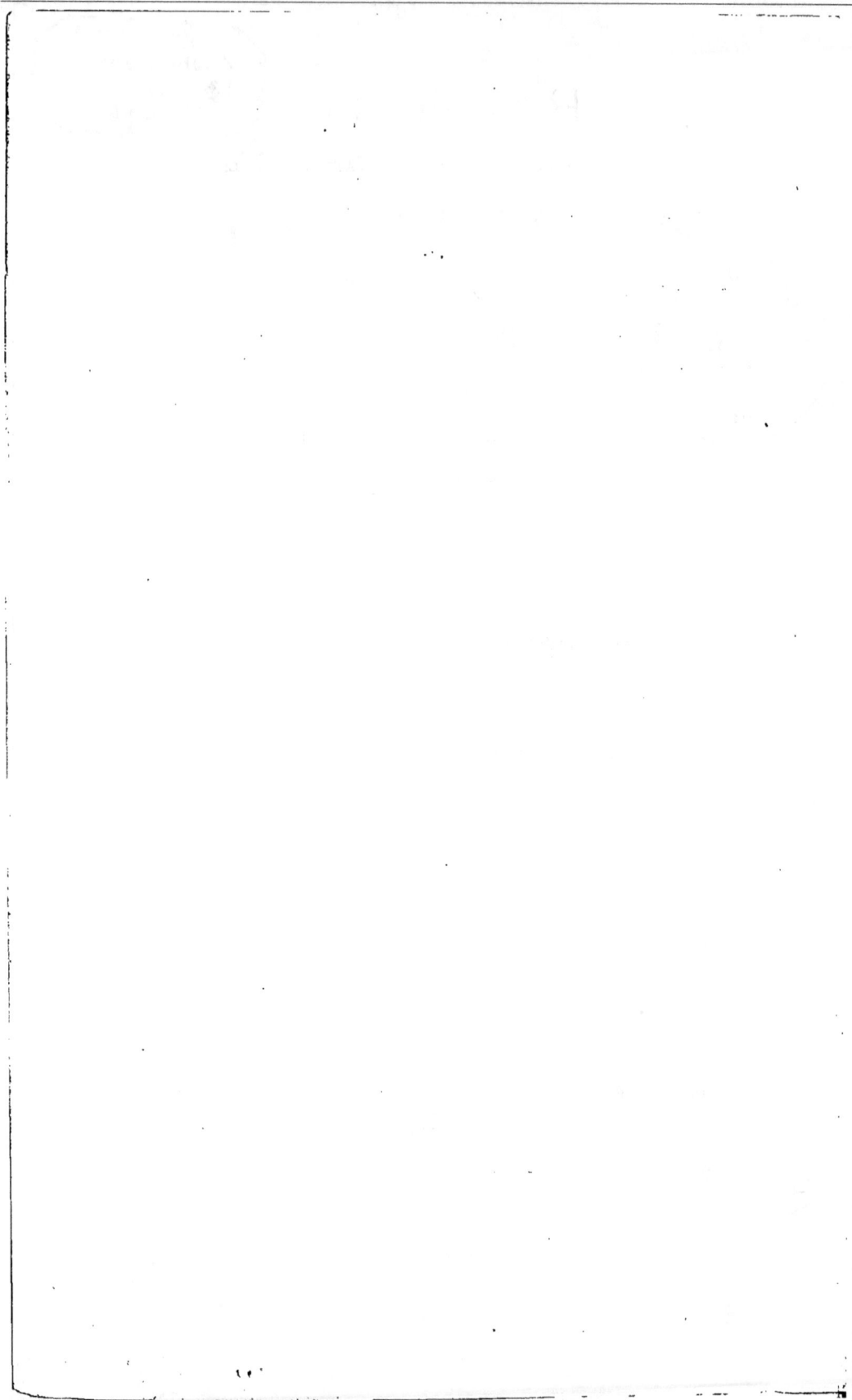

RAPPORT

DE LA COMMISSION CHARGÉE D'ATTRIBUER LES

PRIX D'HONNEUR DÉPARTEMENTAUX,

Offerts par la Société d'Agriculture, Sciences et Arts de la Dordogne,

AUX DOMAINES LES MIEUX TENUS

ET AUX FERMIERS

Les plus distingués de l'arrondissement de Nontron,

A L'OCCASION DU CONCOURS DÉPARTEMENTAL EN 1873.

———•••———

MESSIEURS,

Par une décision de la Société départementale d'agriculture, sciences et arts de la Dordogne, une commission composée de MM. :

J. de Presle, président ;
Dauriac,
Chaussade,
De Jaurias fils ;
Linard ;
Gouguet, secrétaire-rapporteur,

A été chargée de visiter et de signaler, conformément à un programme spécial, les domaines les mieux tenus et les fermiers les plus distingués de l'arrondissement de Nontron.

Cette commission, messieurs, s'est acquittée du mandat que vous lui avez confié, sinon avec tout le savoir que réclamait une telle étude, du moins avec toute la sollicitude qu'inspire une œuvre méritante toujours, mais qui le devient bien plus particulièrement en présence des pénibles épreuves que nous traversons.

En effet, messieurs, aujourd'hui, comme à toutes les époques néfastes de notre histoire, c'est à l'agriculteur que revient l'honneur et la lourde tâche de reconstituer la fortune nationale compromise par la politique.

C'est donc avec bonheur que votre commission se plaît à rendre, tout d'abord, un public hommage de gratitude aux cultivateurs du Nontronnais, pour avoir si bien compris la part qui leur incombe dans ce grand œuvre de régénération, auquel ils apportent autant de zèle que d'intelligence ; cherchant en cela non plus seulement à se rendre dignes de vos encouragements, mais aussi à témoigner qu'ils sont les enfants de cette France pour laquelle ils ont naguère versé un sang si généreux, en luttant contre d'exécrables envahisseurs.

Leur patriotisme est toujours et partout le même, et les premiers loisirs que leur a faits une paix si cruellement achetée, sont consacrés à l'amélioration de leurs cultures et au repeuplement de leurs étables.

Ce faible mais juste hommage rendu à de si vaillants pionniers du travail agricole, je viens, messieurs, au nom de votre commission, vous rendre compte de ses travaux et vous proposer de bien vouloir sanctionner ses décisions.

La mission que nous avions à remplir, simple en apparence, a pris, au fur et à mesure que nous avons pénétré dans l'examen approfondi des procédés de culture employés, du but proposé et des résultats atteints, un degré d'intérêt toujours croissant, dont nous avons subi la salutaire influence.

Aussi est-ce avec regret, messieurs, que nous nous voyons forcés, pour ne pas abuser de vos moments, de nous renfermer dans les limites étroites imposées à un travail de cette nature.

Toutefois, le concours ouvert à Nontron nous a paru être l'inauguration d'une ère nouvelle, tant en considération des circonstances dans lesquelles il se produit que par le nombre et les mérites des concurrents entrés en lice, et aussi par la situation nouvelle faite à cet arrondissement par l'ouverture prochaine de diverses voies de transport rapides.

En raison de ces différentes causes, nous vous prions, messieurs, de nous permettre, avant d'aborder les faits que nous avons été si heureux de constater, et qui demeureront l'un des documents les plus intéressants de vos annales agricoles, d'exposer quelques considérations générales sur le vaste et riche arrondissement que nous venons de parcourir.

Ce n'est pas que chacun de vous, ou du moins un grand nombre, ne le connaissent, mais il nous a semblé que c'était là une nouvelle occasion d'ajouter une page à l'histoire agricole du Périgord. Il n'est pas hors de propos de conserver de tels souvenirs aux générations à venir, ne fût-ce que pour leur apprendre ce que leurs devanciers ont fait pour le pays, dans des temps difficiles, dont Dieu les préserve ! et la part qui leur est réservée par le progrès de la civilisation.

L'arrondissement de i. tron, par son étendue, son aspect topographique, sa composition géologique, les souvenirs historiques qui s'y rattachent depuis les temps les plus reculés ; les mœurs et l'aptitude au travail de ses habitants, mériterait de longues et sérieuses études.

Mais si, d'un côté, telle n'était pas la mission que vous nous aviez confiée, nous devons reconnaître que trop d'aptitudes spéciales et le temps nous auraient fait souvent défaut.

Nous nous permettrons donc seulement d'indiquer quelques faits généraux à l'attention de votre Compagnie, dont tout le pays connaît et apprécie, de longue date, la haute sollicitude pour toutes les choses qui intéressent le sol. En ce faisant, nous avons pensé accomplir un devoir.

C'est ainsi qu'avec un sol des plus heureusement accidentés, avec des terrains de natures si variées, une richesse minérale des plus grandes, mais, disons-le avec regret, trop méconnue ; des eaux fertiles et abondantes qui demeurent sans emploi presque partout, et avec tout cela un climat enviable par beaucoup d'autres contrées, l'arrondissement de Nontron présente un ensemble de richesses ignorées, même de ses heureux habitants.

Il est vrai que, jusqu'à ces derniers temps, les conditions de viabilité, malgré quelques bonnes routes, ne permettaient guère d'utiliser les voies de transports rapides, ces puissants auxiliaires de la production ; — mais alors que les voilà prêtes tout à l'heure à sillonner le pays dans tous les sens, il nous a semblé que l'heure avait sonné d'initier ces vaillantes populations, un peu indolentes cependant, et qui s'endorment trop facilement au sein d'une aisance relative, secondée par une grande sobriété, à les initier, disons-nous, dores et déjà, à cette activité et à cette instruction professionnelle qui s'imposent de nos jours à toutes les industries, à toutes les classes de la société, comme à chacun en particulier.

L'instruction, l'instruction professionnelle surtout, et ajoutons-y *l'éducation*, mot et pratique qui semblent inconnues de nos jours de ceux qui se préocupent avec le plus d'ardeur de notre réorganisation sociale. L'instruction et l'éducation sont deux choses des plus moralisatrices ; elles adoucissent les mœurs et rendent les relations plus honnêtes et plus agréables. Elles sont donc dignes, à tous égards, de votre haute sollicitude, et feraient disparaître de nos campagnes les derniers vestiges de l'ignorance qui n'entretient que la plus grossière superstition, ainsi qu'il nous a été donné d'en rencontrer de si douloureux exemples. En répandant l'instruction et l'éducation, vous travaillerez à développer dans ces cœurs d'or les vrais sentiments religieux qui font le bon citoyen, le bon père de famille ; ce sont les signes distinctifs et caractéristiques d'une grande nation.

Telle est l'œuvre nouvelle qui s'impose de nos jours aux sociétés d'agriculture et aux comices.

En nous permettant d'enregistrer ici ces réflexions, il n'est pas entré dans la pensée de votre commission de tracer à la Société d'agriculture de la Dordogne la voie qu'elle doit suivre. Loin de nous une telle pensée, nous avons trop présents à l'esprit ses actes de tous les jours, depuis sa création, qui sont autant de monuments des intentions qui l'animent ; nous n'avons tenu qu'à donner un témoignage de notre désir d'avoir été les fidèles interprètes de l'éminente Compagnie que nous avons eu l'honneur de représenter dans cette circonstance solennelle.

Ce devoir accompli, il ne me reste qu'à vous faire connaître le résultat de nos travaux, qui ont été une tâche longue et délicate et pour laquelle nous osons espérer toute votre indulgence.

Vingt-deux concurrents, appartenant aux différentes catégories ouvertes par votre programme, se sont présentés. Ce n'est pas sans un vif sentiment de satisfaction que nous y avons compté trois femmes. C'est là un fait de bon présage pour notre avenir agricole de voir de nos jours des femmes, aussi distinguées par leur esprit que par leur instruction et leur position sociale, renoncer volontairement aux frivolités du monde pour se consacrer aux rudes travaux des améliorations agricoles, et par là donner un louable exemple à tous. En effet, messieurs, il ne faut pas l'oublier, *tant vaut la femme, tant vaut la ferme.* Aussi, bien que vous soyez habitués à proclamer chaque année, parmi vos lauréats, les noms de quelques-unes de ces modestes mais vaillantes héroïnes, il n'en est pas moins à propos de noter, qu'encore à ce point de vue, le Nontronnais n'a rien à envier aux autres arrondissements de la Dordogne.

RAPPEL DE 1er PRIX.

Domaine du Châtenet, appartenant à MM. Valade frères.

Inscrire ici le nom de MM. Valade frères est une redite de chaque année. Depuis bientôt 30 ans, ainsi qu'en justifient vos *Annales*, leurs travaux incessants et progressistes ont été l'objet de vos récompenses. Ces récompenses furent sanctionnées en 1870 par une médaille d'or qui leur fut décernée par le jury du concours régional. Vous aviez donc bien apprécié le mérite de ces intrépides agriculteurs, entrés dans la carrière à une époque où l'agriculture était loin d'attirer la jeunesse dans ses rangs, et, disons-le à leur éloge, sans les études spéciales nécessaires de nos jours pour aborder les difficiles problèmes des améliorations agricoles. Ils ont donc eu à demander à l'observation et au travail ce qui leur manquait en science. La réussite est venue couronner leurs efforts et leur louable persévérance, tout en leur assignant une place au premier rang parmi les agriculteurs du Périgord.

MM. Valade frères, à qui vous aviez décerné le 1er prix d'honneur en 1866, pour leur domaine du Châtenet, se présentent de nouveau à vous pour faire constater la continuation de leurs travaux d'améliorations. En présence d'une telle demande, aussi légitime que digne d'éloges, votre commission s'est empressée de se rendre au domaine du Châtenet.

Après avoir visité dans tous ces détails cette exploitation, si connue de vous et de tous, nous n'avons pu que constater que MM. Valade ne sont pas de ces coureurs de primes qui, en vue d'un concours, donnent un relief factice à leurs domaines, pour ensuite les laisser retomber dans la ruine et l'abandon. Il n'en est pas ainsi avec MM. Valade. S'ils saisissent avec empressement toutes les occasions de concours, ce n'est pas tant pour gagner des primes que pour se prêter, dans la mesure de leurs forces, à ce moyen puissant d'enseignement que vous vous efforcez de féconder.

C'est, en effet, en voyant des hommes de ce talent, de ce savoir-faire, venir, avec une louable persévérance, disputer vos primes, qu'on en sent rehausser le mérite déjà si grand et stimuler les indifférents ou les retardataires à venir grossir vos rangs.

Nous n'avons pas, pensons-nous, à revenir ici sur les travaux accomplis au Châtenet, non plus que sur ceux du Bourdeix. Il nous suffira de dire que nous avons retrouvé ces domaines (car nous les connaissions de longue date) dans cet état de bonne culture et d'excellent entretien qui leur ont valu vos plus hautes distinctions, nous pouvons même ajouter que nous les avons trouvés dans un état de perfectionnement qui légitime les hautes récompenses qui leur ont été décernées antérieurement.

Votre commission, messieurs, vous prie, en conséquence, de vouloir bien décerner à MM. Valade frères, pour leur exploitation du Châtenet, le rappel du premier prix d'honneur que vous leur avez accordé en 1866.

GRAND PRIX HORS CLASSE.

Terre de la Durantie. — *Propriétaire, M. J. Wallon.*

La terre de la Durantie est assise sur le territoire de la commune de Lanouaille.

Son sol est de nature argileuse et compacte.

Son étendue de 300 hectares, répartis comme suit :

Terres arables	100 hectares.
Prairies naturelles	70
— artificielles	20
Céréales	60
Racines fourragères	12
Maïs en grain et en vert	8
Bois et landes	30
Total	300 hectares.

Ce n'est pas seulement pour le département de la Dordogne que le nom de la Durantie rappelle de glorieux et chers souvenirs. La France militaire et agricole en réclament chacune leur part. Ce fut là, en effet, que l'illustre maréchal Bugeaud, sous prétexte de demander au modeste toit de la famille quelque trêve à la vie active des camps et des affaires publiques, venait se livrer aux pénibles travaux des champs, non moins utiles à la patrie et à l'humanité.

Sa haute intelligence et son patriotisme, s'inspirant des plus grands exemples des temps passés, lui avaient fait adopter

la devise si nationale, qu'à une autre époque Olivier de Ser-
res et l'immortel Sully, non moins grands capitaines et non
moins bons Français, avaient mise en honneur : *Ense et ara-
tro*, qui résume si bien le génie de la nation française. L'épée
et la charrue ne cesseront d'être la force, la gloire et la fortune de notre chère patrie.

Il y a longtemps qu'il a été dit avec vérité que les
forces d'un Etat ne consistent pas seulement dans l'étendue
des terres et dans le nombre des habitants, mais bien plus
encore dans la culture des terres et dans l'industrie des habitants, c'est-à-dire qu'il faut faire fleurir l'agriculture, les
arts et le commerce.

Outre que ce n'est là ni le lieu ni le moment de faire ici
l'historique de la Durantie, ce n'est pas non plus à vous,
messieurs, que j'aurais à dire les grands travaux entrepris
et accomplis par le maréchal, et cela à une époque non moins
difficile, quoique à d'autres titres, que de nos jours ; non plus
que l'élan imprimé, par ses conseils et son exemple, au progrès agricole dans votre riche et beau département. Un grand
nombre d'entre vous en a été témoins, et le jeunes générations en conservent précieusement le souvenir.

C'est là une page de l'histoire agricole du Périgord, page
pleine d'utiles enseignements qui servirait d'introduction naturelle, nécessaire même à la narration des faits qui s'accomplissent en ce moment sur la terre de la Durantie, sous
l'active et intelligente direction de son nouveau propriétaire,
M. J. Wallon.

Jamais noble héritage n'est tombé entre de plus dignes
mains, et les mânes de l'illustre maréchal, au fond de leur
séjour de paix éternelle, doivent se réjouir de voir se continuer l'œuvre humanitaire qu'il avait entreprise.

M. Wallon devint propriétaire de la terre de la Durantie,
à titre onéreux, en avril 1868.

Après avoir consacré les plus belles années d'une vie
active à la carrière commerciale, en Angleterre, au milieu de
cette population pour qui le travail est la vie, et qui sait si
bien allier les différentes branches de l'activité humaine, il
n'était pas resté étranger aux travaux agricoles de ce pays,
travaux dont la perfection est devenue proverbiale, à tort ou
à raison.

En faisant l'acquisition de la Durantie, M. Wallon n'avait
d'autre pensée que de demander à ses frais ombrages un
repos laborieusement acquis.

Mais il ne tarda pas à subir l'influence des grands souvenirs
des choses dont la Durantie avait été le théâtre. Et, contrai-

rement à la croyance admise dans un certain monde, il prouva que pour faire de bonne et lucrative agriculture, il n'est pas indispensable d'être fils de cultivateur et de travailler la terre de ses mains.

Cela a pu être vrai à une époque où les charges et les besoins étaient plus restreints que de nos jours ; où les faits physiques, chimiques et physiologiques étaient moins connus ; où le manque de voies de transport pour l'écoulement des produits en restreignait la production, où surtout les idées des détenteurs du sol suivaient une autre direction. Mais aujourd'hui, avec les conquêtes de la science, de la mécanique, la création des chemins de fer, etc., les besoins d'une population plus nombreuse et plus exigeante agglomérée dans les villes et les usines, les charges publiques chaque jour croissantes, il est facile de comprendre que le sol abandonné à son énergie naturelle seule, ne peut suffire à de si multiples besoins, qu'il faut autre chose que les simples pratiques d'autrefois.

C'est alors, messieurs, qu'on a vu surgir et s'accroître le nombre de ces vaillantes légions qui sont venues imprimer un si grand essor au progrès agricole, se recrutant dans tous les rangs de la société : l'armée, la justice, la politique, les sciences, l'industrie, le commerce. Toutes les intelligences, toutes les forces vives du pays, en un mot, à l'envi les unes des autres, se sont tournées vers les travaux des champs.

En peu d'années le mouvement fut tel que, de simple profession nourrissant à peine les bras qui lui étaient consacrés, l'agriculture put s'élever jusqu'à devenir l'une des industries les plus lucratives et occuper une place au premier rang dans la science.

M. Wallon, messieurs, est un de ces nobles pionniers, qui, après avoir demandé à l'instruction des connaissances étendues et variées, au commerce fortune et esprit d'ordre et de méthode, ont renoncé volontairement aux douceurs du repos, pour entrer dans une carrière bien autrement pénible et semée encore de bien dangereux écueils.

Mais pour certaines organisations, les difficultés et les obstacles ne sont que des stimulants, tel est l'exemple que nous avons trouvé à la Durantie.

Comme inspiré par le souvenir de son prédécesseur, M. Wallon reprend, résolument, l'œuvre un instant abandonnée du vieux soldat laboureur. Ce n'est pas seulement à la continuer qu'il aspire, mais bien à l'élever au plus haut point de perfection.

En péné'rant dans cette vieille et si modeste habitation qui fut la maison d'un maréchal de France, on ne peut se soustraire à un sentiment de profonde émotion. Le souvenir de ce qu'un homme, habitué au faste du monde, avait puisé de force et d'amour de son pays dans ce simple asile, vous pénètre.

Comment en aurait-il été autrement pour M. Wallon, retrouvant à chaque pas les traces du trop court passage du maréchal à la Durantie, dont chaque sillon, comblé et envahi par les plantes parasites, réclamait le secours d'une main amie ; les étables désertes et tombant de vétusté redemandaient leurs anciens hôtes ? Ce concours de cris de détresse trouva un écho intelligent et de grand cœur.

Dès ce moment, M. Wallon renonce à ce repos envié, et commence une ère nouvelle pour la terre de la Durantie, désormais appelée à attirer sur la Dordogne agricole l'attention des agronomes et des agriculteurs des contrées les plus avancées.

Il suffira, messieurs, pour justifier les appréciations de votre commission, de vous énumérer les travaux accomplis à la Durantie depuis avril 1868, jusqu'à ce jour, et de vous faire connaître l'état des revenus à cette époque, et ceux obtenus aujourd'hui.

A partir de la mort du maréchal, les cultures de la Durantie, comme nous l'avons dit, avaient été abandonnées à l'incurie des colons, et les améliorations opérées jusqu'à ce moment n'avaient pas tardé à disparaître. Les bâtiments déjà vieux, ne recevant aucune réparation, tombaient en ruines ; le nombre des bestiaux s'était notablement réduit ; les prairies, comme les terres arables et les bois, étaient dans un état déplorable. Les charges seules s'étaient accrues par suite de cet état de choses.

A l'entrée en jouissance de M. Wallon, avril 1868, les cheptels morts et vifs furent évalués à la somme de 25,000 fr. et les revenus à 15,000 fr. Tel est le point de départ.

Les terres et les prés demeuraient noyés par les eaux stagnantes, en raison de l'imperméabilité du sous-sol ; les fossés d'assainissement s'étaient comblés; le drainage, les labours profonds et le chaulage devenaient la base de toute entreprise fructueuse.

Un matériel puissant et complet de labourage est introduit ; mais, pour le drainage et le chaulage, l'éloignement de toute fabrique rendait les opérations très-onéreuses, en raison des frais de transport ; de plus, l'état de vétusté des bâtiments, et

de larges besoins pour de nouvelles constructions projetées
déterminèrent tout d'abord M. Wallon à établir une fabrique
de chaux, tuyaux de drainage et tuiles, montée d'après les
procédés les plus perfectionnés, et munie d'excellents appa-
reils mis en mouvement par une machine à vapeur locomo-
bile. M. Wallon fut bientôt en mesure, non-seulement d'être
affranchi de ces premières difficultés, mais encore d'être pour
toute la contrée d'une importante ressource. En effet, depuis
ce moment, la pratique du chaulage des terres s'est promptement propagée.

Dès lors, aussi, les travaux d'améliorations foncières, sur
la terre de la Durantie, marchent rapidement. En moins de
quatre années, 30 hectares sont drainés ; au drainage succèdent des labours profonds à l'aide de puissantes charrues et
de fouilleuses ; et l'emploi des rouleaux brise-mottes, les
herses roulantes, valcourt, brisées, de toutes puissances, permettent d'ensemencer d'importantes surfaces incultes depuis
plusieurs années, et de conquérir sur les landes de nouvelles
étendues.

Drainage. — Le prix du drainage, en comptant les tuyaux
au prix de revient de fabrication, coûte environ 250 fr. par
hectare.

Chaulage. — La chaux est employée à raison de 100
quintaux métriques à l'hectare, renouvelables tous les 7 à 8
ans. Comptée au prix de revient de fabrication, elle coûte 2 fr.
les 100 kilog.

Outillage. — L'outillage d'exploitation à la Durantie est
des plus complets et le plus perfectionné qu'on puisse imaginer ; et chose à remarquer, rien d'inutile, tout travaille, tout
fonctionne.

Il serait long de dénombrer les charrues de toutes forces
et de tous systèmes, ainsi que les rouleaux, herses, cultivateurs, houes à cheval, semoirs, faucheuses, fanneuses, rateaux
à cheval, moissonneuses, hache-paille, laveurs de racines,
dépulpeurs, concasseurs de tourteaux et de graines, etc., qui
composent ce remarquable matériel agricole.

Une puissante machine à battre à vapeur du système Gi-
rard, avec trieurs, en est l'indispensable complément. Si on
y joint un atelier de forge, de charpenterie, de menuiserie,
de bourellerie, journellement occupé (cela se comprend avec
une aussi vaste exploitation), on aura une idée sommaire de
l'importance du cheptel mort qui se trouve à la Durantie.

En présence de cette énumération, beaucoup de personnes s'écrieront : Tout cela est magnifique, mais n'est pas praticable dans nos petites cultures !

Nous nous permettrons de vous dire, nous qui avons vu, que tout cela est aussi pratique en petite culture que sur la vaste terre de la Durantie. Ce n'est là qu'une question de proportion. Ainsi, au lieu de 50 ou 60 charrues, vous n'en aurez qu'une, deux, ou trois, mais bonnes, au lieu des charrues souvent imparfaites dont on se sert dans les petites exploitations ; au lieu de 8 ou 10 houes à cheval, vous n'en aurez qu'une ; au lieu de 4 à 5 rouleaux, vous en aurez un et au besoin vous pourrez vous associer avec quelque voisin pour avoir à votre disposition ce précieux engin, trop peu répandu, en raison des services immenses qu'il rend ; il en sera de même de tout le reste du matériel que les besoins actuels de l'agriculture rendent indispensable.

Aussi, répétons-le, à la Durantie tout est prévu : rien de trop, rien de luxe ; tout y est utile, disons mieux, indispensable à une culture économique et fructueuse.

Ne serait-ce qu'à ce point de vue, la Durantie mérite d'être visitée, étudiée par tous ceux qui veulent faire de la culture économique et largement rémunératrice ; on est sûr en outre d'y trouver gracieuse hospitalité et précieux conseils.

Mais, messieurs, ce n'est là qu'un côté de cette étude, et malgré la longueur de ce travail, nous ne croyons pas, dussions-nous encourir la peine de votre impatience, nous en tenir là.

Si je suis parvenu à vous donner une idée approximative de l'importance du cheptel mort, il n'est pas moins intéressant, messieurs, de vous dire ce que sont devenus le cheptel vivant et les revenus de la Durantie.

Le cheptel vivant existant en ce moment est, dans l'espèce bovine, appartenant à la race limousine, et d'un choix remarquable de................... .... 110 têtes.

   Chevaux de labours.................. 7

   Moutons........................... 150

   Porcs............................. 40

         Soit ensemble............ 307 têtes,
tous animaux bien nourris et bien lités.

Ce n'est là, cependant, que le premier mot de la chose, car initiée aux projets de M. Wallon, votre commission croit devoir vous indiquer le but vers lequel tendent ses efforts. C'est d'arriver à constituer : 1° Une vacherie de 60 têtes au moins, entièrement consacrée à la reproduction pour l'élevage ; mais c'est là une œuvre magistrale qui ne peut se créer tout d'un bloc ; il faut le temps pour réunir un aussi grand nombre de sujets de premier choix, car hors de là point de réussite ; 2° faire de l'engraissement toute l'année. Là encore il faut des moyens sûrs et puissants.

A cet effet, M. Wallon a fait construire un immense silo couvert, ayant 40 m. de longueur, 4 m. 50 de largeur sur 3 m. 50 de profondeur, d'une capacité, par conséquent, de 630 m. cubes, destiné à recevoir sa récolte de betteraves. Ce silo est prêt, et le procédé de conservation qui va être employé mérite de vous être signalé.

Chacun sait que la betterave, amoncelée et préservée de la gelée, se conserve assez bien au moyen de certaines précautions d'aération, jusqu'en janvier. Mais, à partir de cette époque, les lois inexorables de la nature agissent ; la fermentation végétative qui s'établit, détruit bientôt le principe sucré qui constitue la qualité alibile de la racine, pour ne laisser qu'un parenchyme aqueux, susceptible, tout au plus, de servir de lest à l'estomac des animaux. De là, aussi, une grande restriction de la culture de la betterave, malgré ses qualités bien établies, tant au point de vue de l'alimentation animale que comme bonne préparation des terres.

Pour obvier à cet inconvénient, M. Wallon, tirant profit des moyens employés dans les contrées à distillerie ou à fabrication de sucre, et sans vouloir cependant se livrer à ces industries, a imaginé d'employer, pour conserver ses betteraves avec tous leurs principes nutritifs, les mêmes moyens employés pour conserver les pulpes dépourvues de leurs principes les plus utiles. A cet effet, il a fait préparer le silo dont il vient d'être parlé, et au fur et à mesure de la rentrée de sa récolte, après avoir été préalablement lavées, les racines seront soumises au dépulpeur, et entassées en cet état dans le silo.

Par suite de ce nouvel état, il ne pourra plus s'établir qu'une fermentation saccharine ou vineuse, qui permettra de les conserver d'une récolte à l'autre, dans toute leur puissance nutritive.

Plus tard, ces pulpes mélangées avec des tourteaux, du foin et de la paille hachée, les balles provenant du battage du blé, qui sont conservées avec le plus grand soin, permettront de disposer pendant toute l'année d'une quantité énorme de nourriture bien appropriée à l'engraissement, qui alors pourra avoir lieu à toutes les époques.

C'est encore là un de ces moyens à la portée du petit cultivateur prévoyant et soigneux, comme de l'agriculteur en grand. Question de capacité à donner au silo.

Au début de sa culture, M. Wallon cultivait la betterave globe-jaune, et en obtenait le rendement énorme de 85,000 kilog. à l'hectare. Mais bientôt, pénétré de la différence du principe saccharin, contenu dans cette variété, si bonne d'ailleurs, comparé avec celui de la betterave blanche de Silésie, il n'a pas hésité à donner la préférence à cette dernière, bien que son rendement ne soit que de 55,000 kil. à l'hectare, estimant que cette dernière quantité lui fournit sous un volume moindre plus de principes alibiles.

Modes de semis. — Tous les semis, sur la terre de la Durantie, ont lieu à l'aide du semoir, qu'il s'agisse de céréales, de prairies artificielles ou de plantes sarclées ; et il n'est pas sans intérêt de comparer les récoltes obtenues par ce mode de semis, avec celles des voisins semées à la volée. Celles de la Durantie l'emportent de beaucoup, et peuvent recevoir bien plus économiquement les différentes façons.

Les rendements en froment, qui étaient en 1868 de 7 à 8 pour un hectare, s'élèvent aujourd'hui de 30 à 32, et pour les avoines de 46 à 48.

La quantité de semence employée à l'hectare est de 125 litres au lieu de 2 hectolitres lorsqu'on sème à la volée.

Nous avons dit plus haut quels étaient les revenus de la Durantie en 1868 ; il convient de faire connaître ce qu'ils ont été en 1872.

En 1868, récolte en tous grains, 600 hectolitres.
En 1872, — — 1,800
Le revenu brut, en 1868, s'élevait à 15,000 fr.

Le revenu net, en 1872, s'élevait à 55,000 fr. avec la perspective de le voir, d'ici à deux ans, augmenter d'eau moins 1/4.

Le chiffre des impôts est de 1,550 fr.

Les fourrages verts occupent une large sole ; le farouch, la jarosse alliée à l'avoine ; le maïs vert sur une grande échelle, se succèdent et contribuent à l'hygiène du nombreux bétail.

Mais ce serait abuser, messieurs, de votre bienveillante attention, que de vous entretenir de tout ce que nous avons vu d'intéressant à la Durantie. Nous ne saurions cependant terminer ce rapport, si long qu'il ait pu vous paraître, sans vous dire un mot sur la manière d'employer les fumiers. Au sortir de l'étable, ils sont conduits directement sur les terres à fumer et immédiatement enfouis par un labour.

Quant aux prairies, elles reçoivent des phosphates fossiles à raison de 5 à 600 k. à l'hectare.

Les betteraves, dont vous avez pu remarquer les hauts rendements, reçoivent à l'hectare une fumure composée de :

Guano du Pérou .... 300 kilos.
Phospho-guano 300
Tourteaux d'arachide 300

Soit ensemble .... 900 kilos.

Si nous avons trouvé beaucoup à louer, et surtout à admirer, nous ne saurions cependant passer sous silence le regret que nous avons éprouvé de ne pouvoir vous signaler une comptabilité en harmonie avec une si vaste et si remarquable exploitation, et qui nous aurait fait connaître le bilan exact de chaque année, ainsi que la marche progressive des améliorations et des revenus. Mais cette comptabilité se tient à Paris, où M. Wallon a établi le siége de son administration, sur les notes fournies par l'exploitation. Ce sont ces notes qui nous sont passées sous les yeux et où sont inscrites, jour par jour, les dépenses de main-d'œuvre et autres frais divers ; mais, en réalité, ce ne sont là que les éléments de la comptabilité proprement dite. Toutefois, nous devons ajouter que M. Wallon, avec la loyauté qui le caractérise à un si haut degré, nous a dit qu'ayant pris la propriété dans un état complet de dénûment, et presque de ruine, il a dû commencer par avancer un capital assez important, tant pour achat d'instruments et machines, qu'en travaux d'améliorations foncières, et que, depuis, malgré les revenus croissants chaque année, il avait dû les consacrer presque entièrement à l'accomplissement de son œuvre, et que, jusqu'à ce jour, il ne pouvait compter sur aucun revenu net.

C'est là, nous paraît-il, une manière un peu rigoureuse d'apprécier les revenus d'une entreprise, car les bénéfices accusés n'en sont pas moins acquis ; il n'y a de modifié que la destination qui leur est donnée. Appliqués à de nouvelles améliorations, ils se capitalisent et fructifient, et en restent mieux acquis que s'ils avaient été employés à satisfaire des goûts de luxe ou de plaisirs. Quoi qu'il en soit, cet aveu de M. Wallon, outre qu'il le caractérise d'une manière honorable, a permis à votre commission d'ajouter la plus grande créance à tous les renseignements verbaux qu'elle a recueillis et qu'elle n'a pu contrôler.

M. Wallon gère par lui-même ; il s'est adjoint pour l'exécution de ses ordres, ou en cas d'absence, son maître charretier, qu'il a à son service depuis son entrée en jouissance, et dont il n'a qu'à se louer. Bernard Château, tel est le nom de cet honnête et vaillant aide. En dehors de ses fonctions de représentant du maître, il travaille avec les autres ouvriers. Bernard Château est célibataire.

En conséquence de ce qui précède, et quoique M. Wallon ne remplisse pas les conditions de temps d'exploitation édictées par le règlement, votre commission a été unanime pour vous proposer, comme acte de bonne justice distributive, de lui décerner *hors classe* la plus haute récompense dont vous pourrez disposer.

PRIX HORS CONCOURS.

Terre de Juvénie. — Propriétaire, M. Raymond Bugeaud.

L'arrondissement de Nontron est vraiment privilégié. Il a compté, dans tous vos concours, des lauréats du plus haut mérite, et leurs succès les ont fait connaître dans toute la région.

M. Raymond Bugeaud, propriétaire de la terre de Juvénie, est un de ces agriculteurs qui ont rendu des services signalés à cette cause dont nous sommes les soldats infatigables. Ses travaux ont commencé à une époque où l'agriculture était moins honorée qu'elle ne l'est aujourd'hui et où les difficultés se multipliaient. On peut dire de lui qu'il a été dans la contrée un pionnier de la civilisation agricole.

La commission a visité Juvénie avec beaucoup d'intérêt.

Elle a été heureuse de constater que M. Bugeaud s'était maintenu à la grande hauteur que signalait en 1864, à l'occasion de la prime d'honneur régionale, le rapport de M. Bonnet, alors président de la Société d'agriculture de la Gironde.

Les cultures de M. Bugeaud ont été décrites dans divers rapports ; tout a été dit sur les constructions agricoles de Juvénie. C'est M. Bugeaud qui les a fait édifier ; elles sont complètes. Porcherie avec son petit parc ombragé ; boulangerie, vastes granges, greniers, dortoirs et réfectoire pour les domestiques et ouvriers ; caves pour les racines, enfin, une vaste étable, véritable modèle de logement pour les animaux, où n'a été oublié ni le compartiment pour les jeunes, ni celui des malades.

Cette étable a la forme d'un parallélogramme. Au centre, se trouve un vaste corridor élevé de un mètre au-dessus du niveau du sol. Il est entouré de crèches et est éclairé au nord

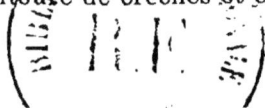

par une porte. Sur chacun des deux côtés de l'étable sont deux grandes portes charretières et quatre fenêtres munies de rideaux métalliques à l'intérieur ; de larges trottoirs permettent aux voitures d'entrer et de sortir, pour apporter les aliments et enlever les fumiers Au midi, faisant face au corridor, se trouve la partie du bâtiment destinée aux veaux et aux génisses, puis la chambre destinée aux malades et celle de ceux qui viennent de naître ; enfin, au-dessous de cette dernière partie une cave pour les racines diverses. Des greniers à fourrages régnent sur toute l'étendue de l'étable. Un bâtiment où se trouvent les pailles y est contigu. Une pompe fournit toute l'eau nécessaire pour abreuver les bestiaux. L'aération des locaux est parfaite ; tout est donc complet.

La commission croit qu'il existe peu d'étables mieux appropriées aux besoins des animaux que celle de Juvénie. Aussi que de prix les animaux qu'elle a renfermés ont-ils mérités à son propriétaire dans les concours régionaux pour la reproduction, ou même à Poissy et La Villette, etc., pour les bêtes grasses !

Nous avons vu les prairies artificielles ; puis, continuant notre promenade, une grande allée plantée de pommiers nous a conduits au milieu d'une vaste prairie très-bien irriguée, d'où nos regards pouvaient embrasser les travaux de drainage et de conduite des eaux exécutés par M. Bugeaud. Des réservoirs superposés, alimentés par des sources et les eaux de pluies, partent des rigoles qui vont distribuer l'eau de tous les côtés.

L'herbe était magnifique et abondante, malgré les gelées de la fin d'avril.

La commission a également visité des plantations d'arbres de diverses essences, dont la végétation témoignait qu'elles étaient bien appropriées à la nature du terrain.

Après avoir traversé une autre prairie d'une grande étendue, et des champs de blé et d'avoine, la commission est entrée dans des bois de chêne et de châtaigniers semés par l'éminent agriculteur. Ces bois, qui ont fait l'admiration, à juste titre, de tous ceux qui les ont visités, ont une végétation splendide et touffue. Il est difficile de voir une réussite aussi complète et des terres rebelles aux céréales porter autant de revenus.

Les coupes de bois à effectuer en ce moment à Juvénie sont considérables.

La commission est unanime pour demander une médaille d'or hors concours pour M. Raymond Bugeaud. Elle sera le témoignage de reconnaissance de la Société d'agriculture pour les exemples excellents que M. Bugeaud a donnés autour de lui depuis plus de trente années.

L'influence exercée par un agriculteur intelligent, homme de bien et de cœur, et l'exemple qu'il donne ont une grande portée. Au loin on reconnaît sa présence, par l'amélioration et le soin des cultures, par l'esprit d'ordre et de progrès qui préside à la direction des domaines de ses voisins.

Les bons exemples rencontrent donc des imitateurs, la commission l'a constaté, messieurs, particulièrement dans les cantons de Bussière-Badil, Lanouaille et Nontron. Honneur à MM. Bugeaud, marquis de Malet et Valade !

PRIMES D'HONNEUR D'ENSEMBLE.

Terre de Puychenil, commune de Champeau.

La terre de Puychenil, d'une étendue totale de 370 hectares, fut achetée en 1863 par M. le vicomte de Fontenay.

Quoique étranger au département de la Dordogne, il était, en sa qualité d'ancien élève de Grand-Jouan, dans les meilleures conditions d'instruction pour faire de bonne agriculture. Il ne tarda pas cependant à s'apercevoir des nombreuses difficultés qui l'entouraient. Il s'agissait en effet de reconstituer une vaste propriété dans un état complet de ruine, avec des colons encroûtés dans des pratiques d'où il n'était pas facile à un nouveau venu de les faire sortir.

Dans cette situation, M. de Fontenay se fit une part de 43 h. 50 environ, sur laquelle il se proposa d'agir plus directement, se réservant d'introduire plus tard et successivement dans chaque métairie les améliorations qu'il avait projetées.

A cet effet, il fait venir du département de l'Allier, son pays d'origine, deux aides intelligents, attachés depuis longtemps à sa famille, dont il sera parlé ci-après, et un peu plus tard toute une famille à laquelle il confia une métairie de 20 hectares environ, conquise pour la plus grande partie sur des défrichements.

Ainsi préparé, il introduit à Puychenil un puissant matériel approprié à la nature du sol, variant du calcaire à l'argilo-calcaire, et, pour une grande partie, silico-argileux.

Sur ce dernier, provenant plus particulièrement de défrichements de landes ou de vieilles châtaigneraies sans produits, il applique comparativement la chaux et les phosphates fossiles à la dose de 5 à 600 kil. à l'hectare.

De ce premier essai, il résulta que la première agissait sur le sol de Puychenil avec moins d'efficacité que les seconds. Il améliore également ses prairies naturelles à l'aide des phosphates, crée des prairies artificielles, et cultive des racines fourragères sur une assez grande échelle.

M. de Fontenay ne fut pas longtemps à constater les bons effets de cette manière d'agir, où il puise de nouveaux éléments d'extension. C'est ainsi que la réserve se décompose aujourd'hui en :

Prairies naturelles	2 h. 50.	
— artificielles	16	
Céréales	12	
Racines fourragères	6	
Fourrages verts	2	
Vignes	4	40
Houblonnière	»	60
Total	43 h. 50	

Cet espace, qui nourrissait à peine 2 bœufs, 2 vaches, une truie et 25 moutons, suffit maintenant largement à 25 têtes de l'espèce bovine, 3 chevaux, 35 moutons, 3 truies mères, 16 porcs d'engrais, 1 verrat et 10 nourrains.

Quant aux récoltes en céréales qui étaient de 16 à 22 hectolitres de froment, de 20 à 30 hectolitres de maïs en épis et 3 à 4 hectolitres d'avoine, elles s'élèvent aujourd'hui à plus de 200 hectolitres.

Il m'a paru superflu d'entrer ici dans un examen parcellaire, comme je l'ai fait à l'égard de quelques autres concurrents, préférant signaler à votre attention des procédés de culture comparatifs, portant en eux un enseignement du plus haut intérêt pour tous.

C'est ainsi, par exemple, que je m'arrêterai à une pièce de 30 ares, provenant d'un défrichement de landes, de nature silico-argileuse. Cette pièce a été divisée en compartiments de 2 ares environ, et est soumise depuis six ans à l'assolement suivant : avoine, seigle, froment et pommes de terre.

Au début, ces divers compartiments ont été fumés, les uns avec des fumiers d'étable, les autres ayant reçu soit des phosphates ou de la chaux, sans que ces moyens fertilisants aient été renouvelés depuis. Les différents produits n'en présentent pas moins un état des plus satifaisants, et avec des nuances parfaitement distinctes suivant la nature de l'engrais employé.

Un peu plus loin se rencontre un autre champ d'expérience de nature argilo-siliceuse. Il a été divisé en six planches, dont deux fumées à raison de 30,000 kilogrammes de
fumier d'étable à l'hectare ; 4 autres chaulées et fumées.

Dans ces conditions, il a été semé du blé de Danemark, de
l'avoine, des pommes de terre et du colza. Ces produits sont
remarquablement beaux, surtout le froment.

Il est également un autre fait important à signaler, c'est
celui relatif au mode de culture du colza. Deux pièces ont
été ensemencées de cette précieuse crucifère ; l'une à la volée,
l'autre en lignes. Cette dernière présente un état de supério-
rité des plus marqués ; c'est une réponse concluante en fa-
veur des semis en lignes.

Tout proche de cette pièce, se trouve une plantation de
porte-graines, de carottes et de betteraves blanches, intelligemment cultivée, dont les intervalles ont été utilisés à élever du plant de choux fourragers, destinés à être repiqués.
C'est là une mesure de prévoyance que l'on rencontre trop
rarement dans nos contrées, faite surtout avec les soins et
l'intelligence qu'elle réclame ; elle nous a paru mériter de
vous être signalée.

Houblonnière. — Non loin de là se trouve une houblonnière, culture d'importation due à l'initiative de M. de Fontenay.

Les résultats sont obtenus sur un sol argilo-siliceux, qui ne
produisait que des ronces et des fougères, considéré jusqu'à
ces derniers temps comme impropre à aucune culture.

A l'aide d'un simple déboursé de 150 fr. pour 18 ares,
employé en main d'œuvre, plantation, perches et culture,
tous frais diminuant et s'amortissant chaque année, cette
plantation donne à la troisième année un revenu net évalué
à 2,000 fr. à l'hectare. Je n'ai pas à entrer ici dans les détails
de la culture, je me bornerai à signaler qu'elle est pour la
plus grande partie l'occupation de femmes et d'enfants. C'est
là un revenu bien autrement rémunérateur que celui du tabac. Aussi M. de Fontenay a-t-il complétement renoncé à
ce dernier; pour donner plus d'extension à sa houblonnière,
dont il dispose à sa convenance des produits, qui se vendent
aux mêmes prix que les houblons d'Alsace, soit 2 à 3 fr. le
kilog.

Les 18 ares en rapport en ce moment, lui ont produit l'année dernière 300 kilog., et cette parcelle n'est pas encore à
son maximum de rendement. Ce produit n'en représente pas
moins un rendement de 1,665 kilog. à l'hectare.

Bois. — Les bois ont été, de la part de M. de Fontenay, l'objet de soins intelligents et assidus. A son entrée en jouissance, cette partie de cette économie rurale était en parfaite concordance avec le reste de la propriété. Le parcours des moutons et autres animaux les avaient complétement dénudés. Sans rien détruire des arbres échappés à la dent des animaux, et dans les clairières les plus étendues, il a fait donner un labour et pris une bonne récolte de seigle, après laquelle il a procédé à des semis forestiers de différentes essences, entre autre le chêne, le pin laricio, les pins sylvestre et argenté, épicéa, etc. ; tous sont bien réussis et forment aujourd'hui un bois magnifique.

14 hectares ont été ainsi aménagés. On y remarque également de nombreux mélèzes, dont la végétation vigoureuse présage une parfaite réussite de cette précieuse essence dans un terrain silico-argileux.

De belles et larges allées d'exploitation partagent les bois et donnent accès aux différentes métairies.

Avec ces bois d'avenir, il convient également de mentionner une très-belle cerclaire, bien aménagée, créée par les soins de M. de Fontenay.

Dans une parcelle enclavée dans les bois, nous avons dû noter une culture de colza très-bien réussie sur un terrain silico-argileux provenant d'un défrichement de landes, phosphaté à raison de 500 kilos à l'hectare. Il en est de même du seigle qui se trouve dans la même pièce, et qui, malgré la gelée dont il a souffert, est encore très-beau.

Vignes. — Nous avons peu de chose à dire des vignes qui sont à l'état de renouvellement complet ; dans un avenir prochain, elles ne peuvent manquer d'atteindre le même degré de perfectionnement que les autres cultures.

Cette branche de l'exploitation est confiée aux soins exclusifs du contre-maître Pottier, comme toutes les autres cultures le sont à ceux de Biard ; ces deux aides intelligents et dévoués, que nous avons mentionnés au commencement de ce rapport, méritent à tous égards de vous être signalés, et c'est la tâche que nous remplirons lorsque nous arriverons à vous parler des chefs de service.

Si nous quittons les cultures de la réserve qui font l'objet principal du concours, pour nous livrer à une courte excursion dans quelques-unes des métairies, nous arrivons à celle dite du Petit-Cabaret. (C'est là un nom malheureux pour une métairie, mais, hâtons-nous de le dire, rien ne le justifie.)

Cette métairie de création nouvelle, conquise pour la plus

grande partie par voie de défrichement, est exploitée par la famille Louis Hérauld, que M. de Fontenay a ramené de son pays natal. Cette famille se compose d'un homme, sa femme, une jeune fille de 15 ans et un jeune garçon qui arrive à ses 14 ans. C'est là, messieurs, une de ces rares familles de travailleurs intelligents et dévoués.

En engageant cette famille à émigrer dans la Dordogne, et en lui confiant le soin de créer cette métairie nouvelle, M. de Fontenay lui a donné, tout d'abord, un témoignage de sa confiance et de sa bienveillance ; il lui a assuré un minimum de revenu, qu'il n'a jamais eu à parfaire, grâce à l'activité et au travail de tous ses membres.

Quelques vieux bâtiments qui se trouvaient perdus là ont été parfaitement réparés et appropriés, tant comme logement des hommes que comme servitudes. Cette métairie nourrit actuellement 4 bœufs, 3 vaches et 2 truies mères On y sème 7 hectolit. de froment, 6 d'avoine et 3 de seigle. Les rendements ne sont pas encore très-élevés, pour le froment surtout, mais cela tient à la nature du sol, qui demande du temps pour se transformer. Les rendements sont, en froment, de 35 hectolitres ; avoine, 60 ; seigle, 32, semences prélevées.

La tenue du jardin dénote des gens travailleurs, économes et rangés.

Puyseché. — Nous avons également traversé la métairie de Puyseché qui, comme le reste, était dans un état de ruine complet à l'arrivée du nouveau propriétaire.

Nous l'avons trouvée en pleine reconstruction et agrandissement des servitudes sur des plans bien entendus.

Bâtiments de la réserve. — Revenant à la réserve, nous y avons visité les bâtiments d'exploitation, qui laissent beaucoup à désirer ; mais leur tour viendra. A chaque jour sa peine et sa tâche.

Tels sont, Messieurs, en résumé, les faits principaux que nous avons relevés à Puychenil, et en conséquence desquels nous vous proposons de décerner à M. de Fontenay le premier prix d'ensemble.

Domaine du Puy, commune de Nontron, appartenant à M. Devars.

Le domaine du Puy, commune de Nontron, d'une contenance totale de 95 hectares 92 ares, est en partie siliceux et en partie argilo-siliceux ; il se divise comme suit :

Prairies naturelles..	16 h.	70
— artificielles	2	
Céréales	8	80
Racines fourragères	2	80
Maïs	1	40
Vignes	6	80
Bois et landes	57	42

Jusqu'en 1853, le domaine du Puy était affermé moyennant 2,000 fr. de prix principal, les impôts, qui s'élèvent à 240 fr. en sus, à la charge du fermier.

Par suite d'une résiliation amiable, survenue en 1853, M. Devars conserva la gestion de sa propriété.

A cette époque, la division du domaine se répartissait entre les diverses cultures de la manière suivante :

Prairies naturelles	7 h.	60 a.	70
Clos pour pacage	4	73	30
Céréales	15	46	33
Vignes	2	20	»
Bois et pâtis	65	31	67
Soit.	95	32	»

Le cheptel vivant se composait de :

> 4 bœufs,
> 7 vaches,
> 2 génisses,
> 1 jument,
> 3 truies,
> 5 nourrains,
> 180 moutons,

Total. 202.

Le rendement des récoltes se comptait par :

Froment	63 h.	
Seigle.	30	
Baillarge.	80	
Avoine	7	50
Maïs.	4	
Sarrazin	6	75
Noix.	33	

Telle était la situation en 1853.

C'est alors que M. Devars, comprenant que sa propriété était susceptible de notables améliorations, s'occupa sérieusement d'étudier les moyens par lesquels il pourrait y parvenir

Par la nature même du sol, le principe calcaire lui apparut de prime-abord ; il en fit quelques essais sans résultat satisfaisant. L'imperméabilité du sous-sol ne permettant pas l'écoulement des eaux, il appliqua ses soins à assainir ses terres au moyen du drainage régulier.

Plus de 6,000 mètres de fossés furent creusés et remplis de pierres qui se tronvaient à la surface du sol, en telle quantité que souvent les cultures en étaient gênés. A ce moment, le but était atteint, et en 1866 vous encouragiez ce premier effort, en décernant à M. Devars une médaille d'argent. C'est alors qu'appliquant de nouveau le principe calcaire à raison de 400 kilog. à l'hectare, accompagné de labours énergiques, M. Devars put être assuré qu'il était entré dans la bonne voie, et s'occuper de régler son assolement, qu'il fixa à une rotation de six ans.

En même temps que s'accomplissaient ces améliorations aux terres arables, les prairies naturelles, dont l'état n'était pas plus satisfaisant, étaient elles aussi drainées et fumées avec un compost formé de terre et de chaux qui opéra une transformation complète.

Quant aux eaux provenant du drainage, elles ont été utilisées, autant que la configuration du terrain l'a permis, à pratiquer de l'irrigation à certains moments de l'année.

Vignes. — Les anciennes vignes ont été pour la plupart renouvelées. Le nouveau mode de plantation adopté n'est pas conforme aux principes admis aujourd'hui ; il consiste en allées de trois rangs espacés à un mètre en tous sens, les intervalles livrés à d'autres cultures. La taille ne nous a pas paru non plus en harmonie avec la végétation et le tempérament en général de l'arbrisseau ; elle est cependant dans de meilleures conditions que beaucoup d'autres de cette partie du Périgord. Il doit nécessairement résulter de cet état de choses une perte annuelle assez considérable pour le propriétaire. Mais des améliorations aussi radicales que celles réclamées par la culture de la vigne, sont bien difficiles, sinon impossible, avec le mode de culture à moitié fruits, généralement en usage dans la contrée.

Le terrain consacré à la vigne est silico-argileux ; le cep est formé en corbeille, et la taille s'opère sur un ou deux yeux.

Malgré tout, le produit des vignes, qui n'était en 1853 que de 40 hectolitres pour 2 hectares 20, est aujourd'hui de 200 hectolitres pour 6 hectares 80. C'est donc une augmentation en chiffres ronds de 12 hectolitres par hectare.

Les cépages qui dominent sont la folle-blanche, le sauvignon et le St-Rabier.

Les prairies nous ont paru bien fournies et de bonne qualité.

Les céréales, comme dans presque tous les domaines visités, laissent beaucoup à désirer, par suite de l'emploi de semences épuisées, et cela malgré la déclaration de M. Devars, qui accuse un rendement moyen de 14,63 pour un, déduction faite de la semence, sur le grand domaine, et de 19 pour un sur le petit domaine.

C'est le cas de dire que les apparences sont trompeuses, car nous n'avons aucun motif de douter de la déclaration de cet honorable agriculteur.

Instruments aratoires. — L'outillage aratoire du Puy se compose de 5 araires, une herse roulante et une herse valcourt. Il serait à désirer d'y voir introduire la houe à cheval, le scarificateur et les rouleaux brise-mottes et plombeurs, qui y rendraient d'éminents services.

Etables. — L'étable est d'ancienne construction et laisse à désirer au point de vue de la tenue et de la disposition pour le service. Elle contient 6 bœufs et 5 vaches de la race limousine croisée garonnaise, en assez bon état.

Fumiers. — Les fumiers manquent de soins, et la cour non close est jonchée de bruyères.

Porcherie. — La porcherie se trouverait mieux placée à une autre exposition que celle qu'elle occupe ; elle manque d'air et est mal tenue, par suite on y subit de fréquentes pertes d'animaux.

Sylviculture. — Les bois sont convenablement aménagés et d'une vigueur remarquable.

Nous terminerons ce compte-rendu de notre visite au Puy par un tableau des dépenses qui nous ont été accusées avoir été faites pour arriver aux améliorations foncières que nous venons d'indiquer.

Bâtiments d'exploitation, constructions et
réparations .... 2,000 fr.
Drainage 1,550
Défoncement et défrichement 1,125
Plantation de vigne 450
Ouvertures de fossés 500
Plantations d'arbres fruitiers et haies .... · 140
Chemins 300
Semis de bois 180
Travaux divers 1,000
Amendements, chaux et compost 2,500

Total .... 9,745 fr.

La moyenne des revenus des cinq dernières années est déclarée être de 9,395 fr. 50 au lieu de 3,403 fr. 50 au début.
Nous avons regretté, en présence de ces travaux du plus
haut mérite, de ne pas trouver l'œuvre couronnée et sanc-
tionnée par une comptabilité régulière.

En conséquence de ce qui précède, et malgré les quelques
critiques que nous avons cru devoir indiquer, votre commission a l'honneur de vous proposer de décerner le second prix
d'honneur pour ensemble à M. Devars.

Domaine de Naudonnet, commune de St-Martial-de-Va-lette, appartenant à M. Laurençon-Durand.

Le domaine de Naudonnet est devenu la propriété de M.
Laurençon par l'acquisition qu'il en fit en 1857.

Ce domaine, situé sur le territoire de la commune de St-
Martial-de-Valette, a une étendue de 43 hectares de nature
calcaire et argilo-calcaire.

Lors de l'entrée en jouissance de M. Laurençon, ce bien,
important par son étendue et la nature de son sol, ne pouvait nourrir qu'une paire de veaux, et le colon qui a conti-
nué les cultures sous la direction du nouveau propriétaire,
pouvait à peine y vivre. Ce qui explique le peu de revenu
qu'en retirait le propriétaire et donne une idée de l'état de
culture dans lequel l'a pris M. Laurençon.

Le domaine de Naudonnet, en passant entre des mains habiles, laborieuses et intelligentes, qui depuis longues années
ont fait leurs preuves dans l'arrondissement de Nontron, ne
pouvait manquer de se transformer promptement.

En effet, M. Laurençon, avec le coup d'œil qui caractérise tout bon agriculteur, eut bientôt saisi le côté faible des
pratiques admises jusqu'à ce jour sur son domaine. Aux deux

faibles veaux qu'il y trouva, il substitua des animaux plus forts ; se pourvut à prix d'argent des fourrages qui lui manquaient ; introduisit de bonnes charrues, et ne recula pas devant des défoncements à la pioche dans quelques circonstances ; il répara les chemins d'exploitation qui étaient impraticables, en construisit de nouveau ; répara et augmenta les bâtiments.

Enfin, quoique opérant par voie extensive, M. Laurençon n'en est pas moins arrivé aujourd'hui à voir son travail et sa persévérance couronnés par le succès. Pour justifier cette appréciation de votre commission, permettez-moi de vous exposer aussi succinctement que possible les travaux accomplis à Naudonnet.

En entrant sur le domaine en venant de la route de Nontron à Ribérac, se trouve à droite une pièce de terre de 60 ares environ, semée et plantée de bois d'essences diverses, telles que châtaigniers, chênes, pins, épicéas, qui bien qu'âgés de 7 ans seulement, ont atteint un développement remarquable. Il est même quelques-unes de ces essences qui ne mesurent pas moins de 8 à 10 m. de hauteur.

En face, et sur un terrain légèrement en pente de nature argilo-calcaire, se trouve une pièce de terre, d'une étendue de 1 h. 80 environ, qui était complétement inculte. Cette pièce fut défrichée à la pioche et aujourd'hui porte un assez beau blé. La partie basse a été convertie en luzernière. Les pierres en grande quantité, mises à découvert par le défrichement, ont été enlevées et utilisées à la construction d'une belle voie d'arrivée.

L'assolement adopté sur le domaine de Naudonnet est biennal ; en première année, plantes sarclées ; deuxième, froment. Les défrichements faits par M. Laurençon peuvent être évalués à 8 hectares environ, opérés dans les quatre premières années de jouissance.

Bois. — D'autres parties détachées du bloc, ou plus éloignées et de nature de moindre qualité, évaluées à 3 hectares, ont été converties en bois de diverses essences, au moyen de semis.

Vignes. — Les vignes d'une étendue primitive de ont été portées à 13 hectares et sont âgées aujourd'hui de 10 ans environ ; elles sont cultivées en corbeille avec échalas. La taille opérée sur deux yeux nous a paru trop courte, tant en raison de la nature du sol que de la vigueur de la végétation. Le mode de plantation adopté est en planches de trois rangs, à 1 mètre de distance, ce qui ne permet pas la culture avec les animaux. La couche de terre étant peu épaisse et reposant sur une pierre plate calcaire, a donné lieu à l'idée de relever les intervalles entre deux planches sur la partie complantée ; c'est là une opération que votre commission s'est permis de critiquer, non-seulement au point de vue des frais de main-d'œuvre qu'elle a occasionnés, mais surtout comme devant être des plus préjudiciable à la végétation de la vigne, dont les racines traçantes ne trouvent plus à s'étendre. Autour des carrés de vigne ont été plantés des arbres fruitiers haute tige, au nombre de trois à quatre cents. La végétation en est bonne, mais ayant manqué de direction et de soins en temps utile, un grand nombre tend à se déformer et d'autres commencent à dépérir. Là, comme partout sur notre parcours, les chenilles ont causé les plus affreux dommages.

A l'exposition du couchant se trouve une autre plantation de vigne de deux ans, mieux disposée, mais dans laquelle on a eu la malheureuse idée de semer du maïs.

Plantes sarclées. — Les plantes sarclées, qui occupent 2 hectares environ, laissent beaucoup à désirer comme culture ; c'est encore le résultat de l'imprévoyance ou de la routine, de persister à donner des façons à la main, lorsque le temps et les bras manquent.

Les terres cultivées se répartissent de la manière suivante :

Prairies artificielles...............	5 hectares.
Céréales.........................	4
Racines fourragères..............	2
Maïs............................	2
Vignes........................	13
Prairies naturelles...............	1 80

Si l'étendue accordée aux prés naturels est restreinte, il n'est pas hors de propos de remarquer que les étendues consacrées aux prairies artificielles et aux racines fourragères compensent largement cette différence, puisqu'elles s'élèvent ensemble à 7 hectares.

Il est employé en semences de froment 6 h. ; avoine, 1 h. 50 ; maïs, 20 litres ; haricots, 20 litres ; 40 litres d'orge ; 6 h. de pommes de terre, carottes et betteraves.

Les rendements ne nous ont été indiqués qu'en argent. Nous les aurions préférés en quantité nature, ce qui nous aurait permis de connaître les produits pour un.

L'évaluation suivante nous a été indiquée, toujours sans comptabilité à l'appui :

Céréales	848 fr.
Bois	200
Vin	1,560
Maïs	150
Noix et laine	250
Bénéfices sur bétail	400
Total	3,408 fr.

net pour la part seule du propriétaire, qui fait valoir par colon. Ce qui représente un revenu, pour le domaine de 43 hectares, de 6,816 fr.

En l'absence de toute espèce de comptabilité, nous ne pouvons qu'enregistrer les déclarations du propriétaire.

Outillage. — L'outillage de Naudonnet consiste en 3 charrues à age brisé et 3 à timon raide.

Fumiers. — Les fumiers, au sortir de l'étable, sont conduits et amoncelés au coin de chaque pièce à laquelle ils sont destinés ; il en est acheté, en outre, 20 mètres cubes, à raison de 5 fr. et de compte à demi avec le métayer. Sur les conseils de votre commission, M. Laurençon paraît décidé à essayer les phosphates fossiles, qui sont d'un si puissant effet sur le sol nontronnais, ainsi que nous l'avons constaté chez toutes les personnes visitées qui en font usage.

Les prairies artificielles produisent 12,000 kilos de foin sec à l'hectare et les prés naturels 7,500 kilos, les regains en sus. Les plantes racines consistent en betteraves, topinambours, carottes, rutabagas, choux et pommes de terre.

Bâtiments. — Les bâtiments ont été presque entièrement reconstruits.

La maison d'habitation du colon, reposant sur un sol retenant l'humidité, a été drainée; elle se compose d'un rez-de-chaussée bien distribué et aéré, avec grenier au-dessus. L'étable à bœufs est bonne, mais la porcherie laisse à désirer.

L'eau manque à Naudonnet, mais les bâtiments ne se trouvant qu'à 600 mètres environ du Bandiat, M. Laurençon trouverait là un moyen de s'approvisionner sans de très-grands frais.

La famille de colons qui cultive le domaine de Naudonnet, et qui s'y trouvait trois ans avant l'acquisition qu'en a faite M. Laurençon, menait une vie de travail et de misère. Depuis l'arrivée du nouveau propriétaire, le travail a augmenté, il est vrai, mais l'aisance est entrée dans la famille. Tamisier, nom du colon, est travailleur, intelligent et dévoué à son nouveau maître. Cette famille se compose de deux hommes, plus un domestique, trois femmes, une servante et deux enfants en bas âge.

D'après le livre de colonage qui nous a été montré, le cheptel vivant, qui n'était en 1857 que de 800 fr., est aujourd'hui de 5,320 fr. de bon bétail, se décomposant comme suit :
6 bœufs, 1 vache, 2 truies et 20 moutons.

En conséquence de ce qui précède, votre commission, messieurs, vous propose de décerner à M. Durand Laurençon le troisième prix d'honneur d'ensemble.

SPÉCIALITÉS.

Domaine de Laborde, commune de Vaunac.
Propriétaire, M. Couvrat.

M. François Couvrat est propriétaire du domaine de Laborde pour l'avoir recueilli, partie en héritage de famille, et partie par acquisitions de divers, acquisitions qui lui ont permis de donner à sa propriété un ensemble qui facilite les cultures et les améliorations.

La contenance totale du domaine de Laborde est aujourd'hui de 68 hectares environ répartis comme suit :

Prairies naturelles.....	5 h.
Prairies artificielles...	2
Céréales...............	3
Racines fourragères....	3
Maïs, sarrazin..........	2
Vignes.................	25
Taillis et bruyères.....	10
Bois châtaigniers	8
Semis de pins..........	10
Total.........	68 h.

variant dans leur nature du siliceux au calcaire.

Le domaine de Laborde, après avoir été cultivé en indivis pendant plusieurs années, est devenu personnel à M. Couvrat depuis 20 ans environ. A partir de cette époque, il n'a cessé d'y opérer chaque année quelques nouvelles améliorations, telles que marnage, défrichement de landes et de vieilles châtaigneraies sans produits, qu'il a converties en vignes ou en semis de pins, comme moyen d'amélioration des plus mauvais sols. Il arrache ces arbres après quinze ans, pour leur substituer de la vigne, qui alors réussit parfaitement, ainsi qu'il nous a été donné de le constater dans un vaste et magnifique plantier. Ce procédé nous a paru assez intéressant au point de vue de la fertilisation des terres à landes, et comme procédé nouveau.

En 1839, le domaine de Laborde fut affermé par bail authentique moyennant la somme de 800 fr. pour la première année ; 900 fr. la deuxième et 1,000 fr. pour chacune des années suivantes. Peu de temps après, le fermier se trouvant en perte chaque année, malgré toute son activité, il fut réduit à demander la résiliation de son bail.

Accuellement, les céréales, quoique réduites à une étendue sensiblement moindre qu'autrefois, fournissent un rendement beaucoup plus considérable ; le nombre des bestiaux ayant augmenté, et les animaux étant mieux nourris, on a de ce côté également un plus grand profit.

Quant aux vignes qui font l'objet principal de ce rapport, leur rendement variait autrefois entre 30 et 40 hectolitres de vin. La récolte des deux dernières années s'est élevée à 415 hectolitres, soit, par conséquent, à plus de 207 hectolitres par année.

Par suite des importantes plantations opérées par M. Couvrat, et dont une certaine partie n'est pas encore arrivée à fructification complète, grâce aussi à un choix scrupuleux dans les cépages, et à d'importantes modifications apportées dans les modes de plantation, de taille et de culture en usage autour de lui, M. Couvrat a raison de penser que d'ici à peu d'années le produit de ses vignes s'élèvera à plus de 800 hectolitres.

Au point de vue de la culture de la vigne, qui est le but particulier que s'est proposé M. Couvrat, le domaine de Laborde mérite d'être étudié avec quelques détails.

Comme je l'ai dit plus haut, d'importantes étendues ont été conquises par défrichements à la charrue sur des landes ou de vieilles châtaigneraies. Dans plusieurs parties, le soussol imperméable ne permettait pas à la vigne de prospérer ; M. Couvrat a pratiqué le drainage en ouvrant de larges et profonds fossés où il a enfoui la pierre qui recouvrait en grande quantité le sol. Par cette double opération, il a donc atteint deux résultats avantageux ; la vigne aujourd'hui y est en pleine prospérité, les façons y sont données avec plus de facilité et d'économie.

A cette importante amélioration foncière, M. Couvrat a joint l'emploi de la marne, qu'il trouve sur sa propriété.

La pièce la plus importante de ce remarquable vignoble est d'une contenance de 12 hectares environ, conquise sur un défrichement de landes et de vieille châtaigneraie. Elle avait été ensemencée en pins, qui furent à leur tour arrachés à l'âge de 15 ans. Après plusieurs labours énergiques eut lieu la plantation de la vigne, âgée aujourd'hui de 3 à 7 ans, et disposée pour être cultivée à la charrue. Elle est établie sur deux rangs espacés de 1 m. 75 entre les lignes, et de 0 m. 80 dans le rang.

M. Couvrat a tenté différents modes de plantation. Celui à la barre ne lui a donné que de mauvais résultats. Aujourd'hui il fait creuser des rigoles au fond desquelles il enfouit des aiguilles de pin mélangées de terre. Ce compost est préparé d'avance et procure à la vigne une excellente végétation.

Ce vaste clos est partagé en quatre carrés par de larges allées pour le service de la culture; la longueur totale est de 500 m. environ, ce qui évite une grande déperdition de temps à l'époque des labours. Avant la plantation, cette pièce de terre ne valait pas 3,000 fr.; prochainement elle produira plus de 200 hectolitres de vin.

La taille s'opère généralement sur deux yeux; elle a paru trop courte à votre commission, dont l'opinion s'est trouvée confirmée par la végétation d'un rang en bordure, qu'un vigneron a établi en cordon pour clôture. Il manque seulement à ce spécimen une direction plus rationnelle. Appliquée en grand au vignoble de Laborde, ou du moins à une grande partie, les rendements augmenteraient dans une proportion sensible, sans nuire à la santé de la vigne.

Tout à côté de cette pièce principale, il s'en trouve une autre, moins importante en étendue, dont la végétation était si chétive, que le vigneron qui la cultivait à moitié fruits fut obligé de l'abandonner.

M. Couvrat, fidèle à son principe, replanta, mais cette fois en fossés garnis d'aiguilles de pins et disposés sur un rang, les rangs espacés de 2 mètres. Aujourd'hui c'est une de ses plus belles vignes.

L'orientation des lignes, qui est si importante, a été également l'objet de la sollicitude de M. Couvrat, qui autant que possible, leur a donné celles de l'est à l'ouest.

Les façons sont exécutées à l'aide de la charrue et d'un scarificateur tiré par un bœuf seul.

Les bordures des allées dans les vignes et le pourtour des pièces de terre ont été garnies de nombreux arbres fruitiers, notamment en pruniers d'Agen qui y réussissent très-bien.

3

C'est là encore une branche de l'industrie agricole d'une grande valeur à l'époque où nous vivons.

Les céréales ne sont, pour ainsi dire, à Laborde, qu'un complément de culture : on sème à plat ; la récolte a paru en bon état, relativement à la qualité des semences, qui nous ont semblé devoir être renouvelées.

Les prairies naturelles sont assez bonnes.

M. Couvrat a également effectué d'importants semis de pins, dont une partie est destinée à être arrachée à l'âge de 15 ans pour faire place à des plantations de vignes. Dans d'autres endroits, le pin sylvestre a été essayé, il a donné de moins bons résultats que le pin maritime; c'est donc ce dernier qui seul est semé aujourd'hui.

Les bois de semis ou de taillis sont bien tenus et aménagés; partout on retrouve les soins intelligents d'un homme d'ordre, fortement animé du désir, non pas seulement de bien faire, mais de faire encore mieux.

Ajoutons, pour compléter ce travail, que l'exemple de M. Couvrat, dans toutes les améliorations qu'il effectue, et notamment à l'égard du marnage, commence à trouver des imitateurs dans le pays.

En conséquence de ce qui précède, votre commission, messieurs, a l'honneur de vous proposer de décerner à M. Couvrat :

1º Le premier prix pour la culture des vignes ;

2º Le troisième prix pour le reboisement.

Domaines de Manzac et Limeyrat, situés commune de Villars, appartenant à M. de Meynard de Queilhe.

Voilà encore, messieurs, un de ces intrépides pionniers du progrès agricole, qui honorent la profession et le pays.

M. de Meynard de Queilhe n'est pas un nouveau venu parmi vous. Déjà en 1866, vous avez récompensé ses travaux de drainage et d'irrigation, alors à leurs débuts, de deux médailles de bronze. Ces récompenses ont été pour M. de Meynard, un puissant stimulant, car aujourd'hui, il vient de nouveau soumettre à votre approbation, des opérations bien plus complètes, accompagnées de résultats.

L'exploitation de M. de Meynard se compose de deux domaines; l'un, appelé Manzac, est un faire-valoir direct à l'aide de domestiques et de journaliers, et l'autre, le Limeyrat, est cultivé par un colon. Tous deux sont situés dans la commune de Villars et contigus.

Le domaine de Manzac est d'une contenance totale de 8 hectares 53 ares 65 centiares, divisés comme suit :

Terres arables..	» 66ª20ᶜ	
Prairies naturelles.................................	2ʰ20ª00	
— artificielles	» 36ª00	
Racines fourragères	» 20ª00	8ʰ53ª65ᶜ
Vignes...	» 12ª00	
Tabac..	» 10ª00	
Bois et landes....................................	4ʰ89ª45ᶜ	

De nature variant du calcaire au siliceux, situé mi-partie sur un coteau, mi-partie dans un vallon, terre d'alluvion et tourbeuse.

L'étendue de Limeyrat est beaucoup plus considérable.

En sortant de la maison, située à mi-coteau, se trouve un vaste enclos entouré de murs de trois côtés, complanté de vignes et d'arbres fruitiers soumis à une taille raisonnée et d'une grande vigueur.

Sur le sommet du coteau, nous avons visité une pièce de vigne sur défrichement de pâtis et ancienne lande ; terrain de nature argilo-siliceuse et calcaire, d'une étendue de 65 ares, âgée de 5 ans. Plantée à 1ᵐ 66ᶜ en tous sens, elle est cultivée à la charrue et à la houe à cheval. N'ayant pas eu à souffrir de la gelée, elle est d'une végétation vigoureuse, bien à fruit et en bon état de culture.

Sur l'autre versant du coteau et au nord, il nous a été montré une terre provenant de lande défrichée, ensemencée de pommes de terre, de choux et de blé semé à plat sur trèfle plâtré et retourné. Les labours sont donnés profondément à l'aide d'une charrue à âge brisé ; le blé est semé à la volée et recouvert avec la herse. Récolte bonne.

Les étables sont dans de bonnes conditions d'hygiène et de service et bien tenues. — Les animaux sont lités avec de la bruyère ; le fourrage, composé d'un mélange de foin de prairie naturelle, de trèfle et de sainfoin, est bon.

Le logement des colons est bien aéré, bien tenu à l'intérieur et respire le plus heureux confortable.

Quatre diplômes, décernés par le comice de Champagnac à Combeau, ornent les murs. Nous préférons cela aux gravures obscènes que l'on retrouve chez d'autres et aux brevets de salles-d'armes. Ces diplômes indiquent que Combeau est un bon agriculteur. Le premier lui a été attribué pour premier prix de culture de vignes ; le deuxième, premier prix pour prairies artificielles, et les deux derniers, pour engraissement du bétail.

A la sortie des étables, M. de Meynard a fait établir une citerne où les eaux de pluie et des toitures sont recueillies pour abreuver le bétail ; et un peu en contrebas est une fosse pour le fumier. Nous l'avons trouvée trop profonde ; nous préférerions des aires presque à effleurer le sol et disposées de manière à ce que les purins puissent être recueillis dans une fosse *ad hoc*, plutôt que de les laisser se répandre naturellement et toujours au même endroit.

Il nous a été montré une autre pièce de terre ensemencée d'avoine de printemps, avec trèfle, luzerne et sainfoin à deux coupes, d'une bonne venue. C'est encore là le produit d'une conquête sur la lande.

Les chemins d'exploitation sont bien entretenus, la plupart créés par M. de Meynard, et pour la confection desquels il a employé les pierres abondantes qui couvraient ses champs.

Les chemins principaux n'ont pas moins de 6 mètres de largeur, la chaussée seule est empierrée ; ils reviennent à 3 fr. le mètre courant. De chaque côté, il a été creusé des fossés qui conduisent les eaux de pluie à une mare de 8 mètres de côté sur 2 mètres de profondeur, qui sert à abreuver le bétail.

Sur le plateau et sur le défrichement d'une lande et vieille chataigneraie de 1 hectare environ, se trouvent des pommes de terre et un assez beau blé, dans lequel il a été semé du trèfle, et en face d'un coteau de nature silico-calcaire, d'une étendue de 2 hectares 30 ares, se trouve une jeune vigne de 4 ares qui arrive à fructification. Elle est plantée à 2 mètres en tous sens, a reçu de la tourbe au pied au moment de la plantation, et aujourd'hui M. de Meynard y fait transporter de l'argile pour donner plus de consistance au sol.

Cépages rouges et blancs, taillés sur deux yeux. Cette vigne est soumise au pincement et à l'épamprage. Sur le penchant sud du coteau, M. de Meynard a fait construire un autre chemin de 3 mètres de largeur, et empierré, sur une longueur de 500 mètres environ et qui lui revient à 1f 25 le mètre courant. Pour cette construction il extrait la pierre d'un champ limitrophe et par là l'améliore. D'un côté, les eaux de pluie qui ravinaient les terres sont recueillies et conduites à un vaste bassin à l'aide de fossés. Ces eaux sont utilisées pour l'irrigation ; de l'autre côté les talus, provenant de la construction du chemin, sont ensemencés de luzerne, au lieu d'être abandonnés aux broussailles.

De chaque côté de ce chemin ont été plantés des arbres fruitiers de diverses espèces. Ainsi à ce point de vue tout concourt au revenu et à l'agrément.

Sur le penchant du coteau et à l'exposition du sud se trouve une vieille vigne, irrégulièrement plantée, échalassée et très vigoureuse.

En 1867-68, une vieille châtaigneraie fut défrichée et plantée en vigne; la même opération se continue d'année en année, de sorte que depuis quatre ans l'étendue du domaine de Limeyrat se trouve augmentée de 4 hectares cultivés, au lieu de landes sans valeur.

Avec une prévoyance qui ne surprend pas de la part de M. de Meynard, avant d'entreprendre ces défrichements qui fournissaient les litières, et qui agrandissent et arrondissent ses cultures, il a fait l'acquisition d'une nouvelle étendue de landes, de 13 hectares environ, et d'une châtaigneraie de 3 hectares, indépendante de son domaine, et qui pourvoit à ses besoins, de sorte qu'à ce point de vue, le domaine de Limeyrat se trouve aussi bien pourvu qu'auparavant. Seulement les terres cultivées se trouvent mieux groupées et plus rapprochées des habitations.

Dans le principe, le colon de Limeyrat se refusant à seconder M. de Meynard dans ses entreprises d'améliorations, il dut le remplacer. C'est donc avec ce nouveau colon Combeau, dont il est parlé plus haut, chef d'une nombreuse famille, qu'ont pu être accomplis tous les travaux entrepris. M. de Meynard, malgré la position plus que gênée de son nouveau colon, en présence de sa docilité à se prêter à ses vues, et de son ardeur au travail, n'hésita pas à venir à son aide et lui fit des avances pour une somme d'au moins 1,800 fr., dont Combeau, à l'heure qu'il est, s'est presque entièrement libéré, grâce à son travail et à son empressement à suivre les conseils qui lui étaient donnés.

Pénétré de l'influence du logement sur la santé et la moralité de la famille, M. de Meynard s'est préoccupé de l'habitation du colon; et aujourd'hui l'hygiène et le confortable s'y trouvent réunis, et on n'y rencontre pas l'inconvénient de cette co-habitation trop intime, qui est souvent l'origine de grands désordres.

Drainage et irrigations. — Il me reste à vous parler de travaux d'une autre nature, exécutés avec non moins d'intelligence. C'est le drainage et l'irrigation bien entendus pratiqués à Manzac et à Limeyrat. Par le déplacement d'un chemin qui traversait la cour du colon, et des fossés pratiqués le long du nouveau chemin, les eaux qui manquaient auparavant sont recueillies dans une vaste citerne où viennent s'ajouter, à l'aide de dalles, les eaux des toitures.

Parmi les travaux de drainage et d'irrigation, il est convenable de citer ceux exécutés dans la prairie qui longe la route départementale.

Des eaux abondantes et mal utilisées faisaient de ce pré un marécage, où sur plusieurs parties il devenait dangereux de passer.

M. de Meynard, utilisant les pentes naturelles du terrain, a fait établir un collecteur à ciel ouvert, empoissonné, sur lequel vient converger tout un système de petits drains. Les eaux, retenues de distance en distance par des empellements mobiles, permettent d'irriguer à volonté; à l'extrémité inférieure du pré se trouve un vaste réservoir empoissonné, où se recueillent finalement toutes les eaux.

Cette prairie n'a pas moins de 2 hectares et produit actuellement en première coupe 500 quintaux métriques de foin sec de première qualité. En tête du pré se trouve une magnifique source dont les eaux ont été régularisées par des travaux d'art qui ne sont pas sans importance.

Enfin, tous ces travaux se complètent par d'importants semis.

Semis de pins sur une lande d'une étendue de 9 hectares, qui ne produisaient rien.

L'outillage se compose de charrues à âges brisés, de herses et de houes à cheval.

Quant aux revenus, M. de Meynard estime que le prix d'achat, qui était de...................... .... 19,000 fr.
augmenté des frais d'améliorations, soit... 4,350

TOTAL .... 23,350 fr.

lui représentent en ce moment un revenu de 5 p. % et qu'à partir de l'instant où les vignes nouvellement plantées arriveront à produire, l'intérêt pourra s'élever à 8 p. %.

En conséquence de ce qui précède, votre commission, messieurs, a l'honneur de vous proposer de décerner à M. de Meynard :

1o Le second prix pour sa culture de vignes ;

2o Le premier prix pour drainage et irrigations ;

3o Le deuxième prix pour création et entretien de chemins.

Domaines divers appartenant à Mme Alban Petit, et déclarés pour diverses catégories du programme.

Mme Alban Petit a déclaré plusieurs domaines pour prendre part à divers concours.

Le premier domaine visité par votre commission est celui de la Ribière, situé commune de Saint-Front-la-Rivière, composé de deux métairies, présentées au concours d'améliorations de bâtiments et réparations diverses. Malgré l'avis donné de notre arrivée à Mme Petit, nous n'avons trouvé à la Ribière que les colons, qui, non prévenus de notre visite, ni du motif qui nous amenait, nous ont accueillis tout d'abord avec une réserve bien naturelle à leur position (1). Après quelques explications, nous avons été admis à constater les différentes améliorations qui nous étaient indiquées par la déclaration de Mme Petit, en date du 1er juin.

Nous avons visité d'abord une grange-étable de très-ancienne construction, dont la plus grande partie était vide ; ce qui se comprend à cette époque de l'année. L'autre partie de la grange est occupée par les animaux, et au-dessus des animaux, se trouve le grenier à fourrage. Notre attention s'est portée également sur la crèche qui nous était signalée. Son installation nous a paru remonter à une date ancienne déjà, et n'offrant d'ailleurs rien de particulier ; c'est une crèche comme on en trouve dans toutes les étables ; nous n'avons donc pu l'admettre ni comme amélioration, ni même comme réparation.

La clôture de la cour, signalée dans la déclaration, consiste en une légère palissade de buissons reliés à l'aide d'osiers, ce qui à nos yeux ne constitue pas une clôture suffisante.

Les toits à porcs laissent fort à désirer tant au point de vue de l'hygiène que de la tenue et du service.

Le logement du colon, faisant partie de ce groupe, est un vieux bâtiment en assez mauvais état, seulement aéré par deux portes pleines qui se font face, et composé d'une pièce au rez-de-chaussée avec grenier au-dessus.

Quant à l'autre logement de colon qui se trouve sur un autre point du village, c'est un sombre et profond réduit, très-vieux et en assez mauvais état, sans aucune aération et où pénètre à peine la lumière.

Nous y avons trouvé trois lits entassés pour toute une famille, hommes, femmes et enfants, chose regrettable sous le double rapport de l'hygiène et de la moralité ; d'urgentes améliorations, qui ne tarderont pas sans doute à y être effectuées, y sont nécessaires. Nous n'avons eu rien autre chose à constater à Laribière.

(1) D'après une lettre du gendre de Mme Petit, l'avis de l'arrivée de la commission ne lui serait point parvenu, du moins à temps.

(*N. de la R.*)

Domaine de Champs. — Le domaine de Champs, situé commune de Romain, est, parmi les nombreux domaines que possède Mme Petit, celui qui semble avoir ses préférences. En effet, elle le présente pour la prime d'honneur. Sa déclaration est accompagnée d'un plan parcellaire et d'un extrait des titres, actes et origines de la propriété, remontant à 1818.

Nous n'avons pas, pensons-nous, à vous entretenir de ces détails, malgré leur intérêt comme documents historiques, mais qui surchargeraient sans résultat notre travail déjà assez long, au préjudice de renseignements plus appropriés à la circonstance. Nous ne serons pas cependant sans emprunter quelques chiffres à ces pièces; ils nous faciliteront notre tâche et nous aideront à conclure.

C'est ainsi que nous y trouvons la composition du domaine, étayée sur les cotes du cadastre :

Bois et landes..	2^h88^a46^c
Prés...	4 58 20
Pâtis..	9 11 32
Terres arables..	9 86 60
Jardins et bâtiments.......	10 00
Autres bois taillis..................................	mémoire
Châtaigneraie et landes..........................	6 » »
TOTAL......................	32^h54^a58^c

Les mêmes documents nous fournissent les chiffres suivants, formant deux périodes de revenus, l'une valeur en argent pour la première, l'autre en nature pour la seconde.

N'ayant eu aucun autre renseignement, nous nous bornons à reproduire ceux qui nous ont été fournis et à conclure d'après ce que nous avons vu, appréciations peut-être erronées, vu le manque de moyens de contrôle, mais dans tous les cas exprimées consciencieusement.

La première série (revenu argent) part de l'année 1853 et se termine à 1863, inclusivement.

Sur ces onze années, sept donnent ensemble un bénéfice de.. 1,664^f82^c

Quatre donnent ensemble une perte de........... 260 20^c

TOTAL net...................... 1,404^f62^c

Bénéfice net annuel de 127 fr. 69.

Soit un b....

La seconde série comprend les années 1864 à 1872 inclusivement, soit 9 années.

Sur ces neuf années une seule est en déficit ; les huit autres, les produits ayant reçu une évaluation argent, donnent un revenu de 4,887 fr. 69 c., ci....... .... 4,887f69c

L'année de déficit non déterminée................ 522 »

RESTE NET.................. 4,365f69c

soit une moyenne de 485 fr. 09 c. par année, y compris une augmentation de cheptel, évaluée dans la somme totale de ces neufs années à 742 fr. 50.

Ce serait donc dans cette seconde période un accroissement de revenus de près du quadruple. En présence de chiffres aussi exacts, qui ne peuvent résulter que d'une comptabilité rigoureuse, votre commission a dû regretter qu'elle ne lui ait pas été représentée ; elle y aurait puisé un grand enseignement, en même temps qu'elle aurait constaté un ordre d'idées auquel vous tenez à juste titre, et que nous n'avons rencontré nulle part.

L'état des rendements en nature, dans cette période de 1864 à 1872, traduits en argent par la concurrente, se fait remarquer par des différences très-sensibles entre chaque année, les semences étant indiquées les mêmes pour toutes. Soit 6 hectolitres de froment ; 1 hectolitre seigle, et sans indications pour l'avoine, le sarrasin et les haricots. Nous reproduisons textuellement l'état qui nous a été fourni, pour les récoltes obtenues d'après les quantités de semences indiquées.

	Froment	Seigle	Avoine	Sarrasin	Maïs
1864	»	29h	» »	» »	» »
1865	9	12	» »	» »	» »
1866	9	8	» »	» »	» »
1867	18	7 1/2	1	» »	» »
1868	17	2	» »	» »	» »
1869	24	7	4	» »	» »
1870	27	5	» »	» »	» »
1871	12	3	» »	10	17
1872	37	12	9	» »	12

Ces quantités ne représentent que la part du propriétaire. Pour apprécier le rendement pour un, il convient donc de

doubler ces chiffres ; et nous trouvons les rendements suivants, défalcation faite de la semence :

1864	Froment.....	» »	Seigle....	57 pour un
1865	—	1.83	—	23
1866	—	1.83	—	7
1867	—	5	—	4 1/2
1868	—	4.66	—	1
1869	—	7	—	6
1870	—	8	—	5
1871	—	3	—	2
1872	—	11.33	—	11

Tout en tenant compte des influences météorologiques qui
ont pu se produire sans qu'elles nous aient été signalées, et
en comparant les rendements en nature avec les revenus argent, fournis, on arrive à une différence assez sensible, puisqu'elle se traduirait par un revenu annuel de 465 fr. 11 c.,
au lieu de 1,916 fr. 29 c. accusés dans la déclaration.

En présence d'une telle conclusion, votre commission ne peut
supposer qu'une erreur, et par suite regretter d'autant plus
vivement que les livres de comptes ne lui aient pas été produits, et cela avec d'autant plus de raison que les chiffres
posés portent en eux un tel caractère d'exactitude rigoureuse,
que sans leur donner plus d'autorité, la sanction de votre
commission n'aurait pu leur nuire.

Sans nous arrêter plus longtemps, sur des chiffres qu'il ne
nous est pas possible de discuter, nous allons vous rendre
compte de l'état des lieux et des cultures que nous avons visités.

La maison d'habitation du colon, qui est la seule qui existe
à Champs, se compose d'un rez-de-chaussée divisé en deux
pièces, grenier au-dessus, et est commune avec la porcherie,
avec laquelle elle communique par une porte intérieure, fâcheuse disposition, d'où résulte une insalubrité d'autant plus
grande, que cette porcherie n'étant aérée que par cette porte
intérieure et une autre donnant sur la cour, les miasmes
qui se développent par le séjour des animaux, se concentrent
et se font ressentir de la manière la plus fâcheuse sur
toute une famille de travailleurs, dont la santé en accuse les effets. Un autre inconvénient que votre commission
croit de son devoir de signaler, c'est l'établissement dans
cette porcherie de la chaudière à cuire les aliments, qui, par
son installation, est un vrai danger d'incendie, et augmente
l'insalubrité de ce logement pour ainsi dire commun, par les

vapeurs qui se dégagent. L'intérieur de cette maison d'habitation, en assez bon état d'entretien, est bien dénué.

Parallèlement à la maison d'habitation, dont elle est séparée par un espace formant cour non close, est une grange-étable de construction récente, possédant à l'intérieur une crèche-mangeoire pour 17 bêtes, assez bien tenue à l'intérieur, mais n'offrant rien de particulier.

Le bétail trouvé dans cette étable se composait de quatre bœufs, cinq vaches, deux veaux, appartenant à la race limousine et de bon choix. — Les bœufs sont au repos préparatoire pour l'engraissement ; les labours sont faits par les vaches. À ces 11 têtes de bétail, il convient d'ajouter une truie portière et sa suite.

Le fumier est sorti, nous a-t-on dit, des étables, tous les 20 ou 30 jours ; mais nous n'en avons trouvé aucune réserve, ni emplacement à cet usage.

Près de l'étable se trouve le puits, sur lequel a été posée depuis peu une petite pompe à main. Le jardin, cultivé par les colons, et attenant à la grange, est en assez bon état de culture ; il s'y trouve trois ruches garnies de leurs abeilles.

Derrière la grange est une pièce de blé, assez bon, mais mélangé. Nous n'avons pu être fixés ni sur l'étendue, ni sur le rendement moyen.

Les prés, quoique assez bons dans certaines parties, laissent à désirer, et nous ont paru susceptibles d'un meilleur rendement, s'ils recevaient du phosphate fossile en première année et du fumier en deuxième.

Une avenue large conduit de la maison à un commencement de défrichement de landes dont il va être parlé. Cette avenue est bordée de chaque côté d'une haie de rosiers, de laquelle sortent des arbres fruitiers hautes tiges, encore jeunes. Ces plantations seraient dues à l'initiative du colon. Au bout de cette avenue, qui mieux entretenue fournirait un abondant fourrage, et qui ne produit rien, se trouve une autre étendue de pré, créé par le colon et à ses frais, nous a-t-il dit ; ce n'est malheureusement encore qu'une ébauche de pré mal nivelé et peu abondant dans la plus grande partie.

Les fossés de clôture et d'assainissement sont comblés ou à peu près, et par suite sans effet ; ils demandent d'urgence à être réparés.

Attenant à ce pré se trouve la lande dont nous avons parlé plus haut, et qui est en voie de défrichement ; le sol et le sous-sol paraissent être bien maigres, et ne pourront donner de produits rémunérateurs qu'à la condition d'y apporter des amendements calcaires et des engrais.

En traversant la route qui partage la propriété en deux parties à peu près égales, se trouve une étendue de terrain ensemencé de diverses cultures, telles que céréales, betteraves, pommes de terre, maïs, choux, trèfle dans lequel l'orobanche et la cuscute ont causé d'assez graves dommages. Ces cultures nous ont paru dans un état fort ordinaire de végétation.

Sur l'ensemble de cette propriété, il existe encore d'assez grandes étendues en friches ou landes, qui pourraient apporter un plus grand contingent aux terres cultivées, si telle est la vue du propriétaire, à en juger par la coupe et le défrichement d'une jeune châtaigeraie âgée de vingt ans et qui arrivait à produit rémunérateur. C'était l'œuvre du colon, qui commençait à jouir du fruit de son travail ; aussi est-ce avec un sentiment de regret que votre commission a constaté la destruction de ces arbres, du reste d'une belle végétation, à un moment où la question du reboisement de n'importe quelle essence, préoccupe les esprits les plus sérieux. La chaux est employée à raison de 100 quintaux à l'hectare renouvelables tous les 7 ans ; le colon paye un tiers du prix d'achat et fait les transports à ses frais, ainsi qu'il les a faits pendant trois ans de suite, pour les matériaux qui ont servi à la construction de la grange.

Quant aux rendements obtenus des différentes récoltes, n'ayant rencontré à Champs que le colon et l'homme d'affaires, insuffisants à nous fournir renseignements, ou communication d'aucune espèce de comptabilité, nous n'avons pas à les apprécier.

Domaine de Saint-Martial-de-Valette. — Ce domaine a été présenté au concours pour les bâtiments seulement ; votre commission les a visités. La maison d'habitation, élevée d'un rez-de-chaussée, un étage et grenier au-dessus, est située dans le bourg même de Saint-Martial-de-Valette. Elle représente plutôt une maison bourgeoise encore inachevée qu'une maison de colon.

Le rez-de-chaussée, un peu élevé au-dessus du sol, se compose d'une grande pièce servant de cuisine et de réfectoire. — A droite et à gauche deux autres pièces plus longues que larges, celle de droite servant de fournil, celle de gauche, de cellier. — Au premier étage, même division, sert de chambres à coucher ; au-dessus se trouve un grenier. Le tout est en assez bon état, pourtant quelques réparations ne le dépareraient pas.

Presqu'en face et de l'autre côté du chemin se trouve une

grange-étable, qui semble de construction beaucoup plus ancienne et ne paraît avoir reçu aucune amélioration récente.

Le cheptel vivant se compose dans cette métairie de 4
bœufs, 1 âne et 1 truie.

Les semences sont en froment de 3 hect. et produisent,
nous a-t-il été dit, 30 hect. à partager entre le propriétaire et
le colon.

De tout ce qui précède, il est résulté, pour votre commission, que, comparés à d'autres exploitations en concours dans
les mêmes et diverses catégories, aucun des domaines dont
il vient d'être parlé ne remplit les conditions de votre
programme. C'est avec le plus vif regret que votre commission arrive à cette conclusion ; elle aurait été heureuse de
pouvoir recommander à vos encouragements les travaux d'une
femme, dont nous ne nions pas les généreux efforts dans la
lutte du progrès agricole, mais qui, dans la circonstance,
se trouve distancée trop largement par ses concurrents. Nous
demeurons entièrement convaincus, qu'à votre prochain concours, vous compterez Mme Alban Petit au nombre de vos
lauréats les plus méritants.

Terre de Champniers, appartenant à M. le vicomte de Cornulier.

La terre de Champniers est d'une étendue totale de 421
hectares répartis comme suit :

Terres arables...	130^h
Prairies naturelles	68
Bois taillis, châtaigneraies, pièces d'eau, bruyè-res, etc...	223
TOTAL........	**421**

Le sol est de nature silico-argileuse. — Les cultures sont
partagées en différentes métairies, dont les unes de création ancienne, les autres nouvellement conquises sur des défrichements de landes et assèchements d'étangs. Dans les métairies attenantes au bourg, les bâtiments ne sont autres que
les servitudes de l'ancien château, aujourd'hui en ruine,
qui ont été appropriées aux logements des colons et des bestiaux. Ils laissent beaucoup à désirer, surtout comme logement humain.

Les étables ne sont pas en meilleur état, soit comme entretien, soit comme aménagement, surtout au point de vue

de l'aération ; le bétail y est beau, mais les fumiers sont complétement gaspillés, et se perdent faute de soins intelligents. Telles sont les métairies dites du château. Dans l'une, exploitée par le colon Malpeyre, le bétail se compose de 5 vaches et 3 élèves ; l'outillage, 2 charrues et 1 herse, sont abandonnées à toutes les intempéries.

La porcherie est établie dans une cour spéciale ; les animaux, mal logés, mal lités, présentent de fréquents cas de mortalité. Au moment de notre visite, deux magnifiques truies périgourdines nourrices, étaient atteintes d'une gastro-antérite, et n'étaient l'objet d'aucun soin.

Les chemins d'exploitation réclament des réparations.

Aux métairies, colon Condamine, les étables sont mieux installées. Le bétail se compose de 8 vaches, 2 taureaux et 5 génisses, tous de la race limousine, nés et élevés sur la terre de Champniers.

L'outillage est de 3 charrues et une herse.

Fumier nul.

Le logement du colon, bien éclairé et aéré, aurait beboin cependant de quelques réparations ; il se compose d'un rez-de-chaussée et grenier au-dessus.

Colon Frédeau, grange-étable bien tenue, 8 vaches, 7 élèves ; derrière la grange a été créée une bonne prairie.

Le chaulage est pratiqué à raison de 25 barriques à l'hectare.

La Trémouille ; métairie nouvelle, colon Boursat, bien installée, intelligemment disposée, — 5 vaches et 5 élèves, tous nés et élevés sur la terre de Champniers.

Nous avons trouvé dans la grange un approvisionnement de chaux destinée aux terres.

4 charrues et une herse Valcourt.

Porcherie bonne, une truie périgourdine et 8 nourrains. Les fumiers manquent encore là des soins qu'ils réclament.

Sur cette métairie on a commencé une plantation de pommiers à cidre.

Il a été fait une plantation d'acacias en bordure double longeant d'un côté et de l'autre une pièce de terre et une large voie d'exploitation ; c'est là, nous a-t-il paru, une idée malheureuse. Votre commission aurait préféré y trouver une plantation de pommiers à cidre, qui, tout en causant moins de dommages à la pièce de terre, aurait été d'une grande ressource dans une contrée rebelle à la culture de la vigne.

Il existe sur la terre de Champniers une machine à battre à manège, système Pinet, pour le service de toutes les métairies.

Les cultures se composent de froment, seigle, maïs et racines fourragères.

La quantité de semence en tous grains s'élève à 100 hectolitres. Cette quantité nous a paru bien élevée, tant en raison de l'étendue des terres ensemencées que du rendement, qui n'est en froment que de. 234ʰ

En seigle.. 484

Total.................... 718

Ce qui ne donnerait l'un dans l'autre que 7.18 pour un, ce n'est pas beaucoup, mais c'est la conséquence du peu de soins apportés à la confection et à la conservation des fumiers, dans toutes les métairies.

Le maïs est évalué, pour la part du propriétaire, à 13 hectolitres. Les betteraves sont cultivées par semis en pépinières et repiquées.

D'après les rendements ci-dessus accusés, votre commission ne s'est pas trompée dans son appréciation sur l'état des cultures, qu'elle a trouvées laissant beaucoup à désirer. Les prairies naturelles ne sont pas non plus ce qu'elles devraient être, et encore là c'est le phosphate et les engrais qui manquent.

Le principal revenu de la terre de Champniers consiste dans les bénéfices réalisés sur les bestiaux, déclarés au nombre de 102 vaches ou génisses et 150 porcs, et dont le chiffre n'aurait pas été moindre de 30,254 fr. 15 c. en 1872.

Les cheptels, qui étaient autrefois estimés à 29,071 fr., seraient aujourd'hui de 56,000 fr. et le revenu total serait actuellement de 41,254 fr. 15 c., y compris la part des colons. Ce sont là des chiffres que votre commission enregistre purement et simplement, n'ayant trouvé aucune comptabilité pour l'éclairer sur les améliorations financières réalisées, non plus que sur la valeur et le produit des cheptels. Les livres qui nous ont été présentés par le régisseur ne contiennent que des comptes relatifs aux métayers, où nous n'avons pu puiser aucun élément de justification.

La terre de Champniers, par son étendue, la nature de son sol, sa situation, nous a paru être susceptible d'un revenu plus rémunérateur. C'est une terre qui se ressent de l'absence du propriétaire, et qui souffre de l'insuffisance du régisseur, auquel nous reconnaissons cependant de l'aptitude et de l'activité, mais qui n'est pas à la hauteur d'une exploitation de cette importance.

En conséquence de ce qui précède, votre commission, messieurs, a le regret de ne pouvoir admettre M. le vicomte de Cornulier au nombre de vos lauréats de la prime d'honneur,

mais elle vous prie de vouloir bien lui décerner une médaille d'argent comme second prix pour ses constructions rurales, de nouvelle création.

Domaine de la Francherie, situé commune de Nontron, appartenant à M^m• Lagorce, née Mazerat.

Les renseignements sur l'étendue et la division de la terre
de la Francherie nous manquent absolument, malgré nos ré-
clamations plusieurs fois réitérées. Ce que nous avons pu apprendre sur les antécédents de cette propriété, se borne à
savoir que Mme Lagorce l'a prise en très mauvais état,
qu'il n'existait que trois métairies, dont les bâtiments lais-
saient beaucoup à désirer, et qu'il y avait une étendue considérable de terres incultes.

Dans cette situation Mme Lagorce, comprenant le devoir
que lui imposait sa position de propriétaire terrien, n'hésita pas à le remplir jusqu'au bout. Ne pouvant réaliser par
elle-même une aussi grande entreprise, elle eut recours à
l'expérience et à l'habileté d'un homme dont le nom seul va
vous faire pressentir l'avenir prospère de la Francherie. J'ai
nommé M. Louis Valade.

A peine investi de la confiance et des pouvoirs de Mme
Lagorce, M. Valade mit résolument la main à l'œuvre ; il
prit, comme on dit vulgairement, le taureau par les cornes.

Les chemins étaient inpraticables et insuffisants pour une
bonne exploitation ; — il fit établir près d'un kilomètre
de voie large et bien empierrée, reliant la route départementale au centre de la propriété, et créer plusieurs autres
chemins d'exploitation entre les diverses métairies et pour le
service des cultures.

1o La métairie exploitée par le colon Chénébrerias avait
une maison d'habitation, ne possédant qu'une seule pièce,
éclairée par la porte et deux petites lucarnes. Aujourd'hui
elle est divisée en trois pièces, éclairées chacune par une
grande croisée, et par là devient plus commode et plus salubre.

Deux granges, trois étables, un séchoir et le fournil étaient
insuffisants ou tombaient de vétusté ; ils ont été reconstruits.

2o Dans la métairie exploitée par le colon Vaillant, le fournil et quatre étables sont reconstruits à neuf.

3o Dans celle exploitée par Marcellier, les étables sont re-
construites et l'habitation du colon, qui occupait un emplace-

ment peu convenable, est en ce moment en reconstruction sur un point plus favorable.

Voilà ce qui a été fait, ou ce qui se fait, sur les trois anciennes métairies de la Francherie.

Pendant que tout cela s'accomplissait sur ce point, il se créait une nouvelle métairie conquise sur des défrichements de landes ou autres terres incultes (colon Guichon). Cette métairie, qui a reçu le nom de Métairie-Neuve, a vu s'élever à son centre une maison de colon, vaste et bien aérée, se composant d'un rez-de-chaussée avec plancher de bois, cave au-dessous et grenier au-dessus ; sans luxe, mais confortablement établie ; c'est un type de maison de colon qui peut être donné en exemple.

Le fournil, sagement séparé de tous autres bâtiments et d'ailleurs très-bien disposé, contient, outre le four à cuire le pain, la buanderie et les chaudières pour la préparation des aliments des animaux.

Deux granges et quatre étables à bœufs et vaches pouvant contenir 16 têtes de gros bétail.

La porcherie, établie d'après les anciens usages, avec toits à poules par-dessus, placée dans une cour close et spéciale, est la seule partie qui nous ait paru laisser à désirer. En effet, l'air manque, et les portes trop basses sont une gêne de tous les jours pour le pansement.

Une pompe disposée sur le puits creusé dans la cour, complète le service de cette belle métairie, à laquelle on arrive par une large avenue bordée de fossés pour garantir et assainir les terres en culture. Cette avenue a été complantée d'une double rangée d'arbres fruitiers de haut-vent. Cette plantation date de deux ans.

La nature des terres, à la Francherie, est en général argilo-siliceuse.

Chaque métairie est outillée de 3 charrues à ages brisés, 1 herse Valcourt et 1 herse roulante ; il serait à désirer d'y voir introduire les rouleaux, les houes à cheval et les scarificateurs.

Les défrichements sont exécutés déjà sur une assez vaste échelle, puisqu'ils ont permis de créer une métairie nouvelle, nourrissant 16 têtes de gros bétail. Ces travaux se continuent avec une certaine activité.

La nature imperméable du sous-sol a donné lieu à faire du drainage. Cette utile et importante amélioration n'est qu'à son début et ne peut être que mentionnée. L'entreprise paraît bien comprise ; les eaux en provenant traverseront le

4

jardin de maître, pour de là se rendre aux différentes étables du groupe principal.

La maison de maître est vieille et en mauvais état, mais avant d'en entreprendre la reconstruction, les travaux de fond et de production s'accomplissent.

La maçonnerie en moëllons coûte de façon 5 fr. la toise, crépie en dehors et en dedans. La pierre de taille coûte 1 fr le pied courant.

Bien que sur de nombreux points du Nontronnais on trouve des plantations de mélèze, la discussion soulevée naguère au sujet de cette précieuse essence, entre M. le marquis de Tillancourt et l'administration des forêts, nous a paru un fait digne de vous être signalé. Une importante plantation de cette essence a été faite à la Francherie, en une double rangée le long du chemin mentionné plus haut, et qui relie la route départementale à l'habitation. La haute importance qu'acquiert chaque jour la culture forestière, adaptée à la nature du sol et au climat, a été comprise dans le Nontronnais, y reçoit une large application, et est digne de votre haute sollicitude. L'administration des ponts et chaussées elle-même est entrée dans la même voie, et c'est ainsi que la route de Nontron à Mareuil se trouve bordée, sur un assez long parcours, d'une double rangée de mélèzes, que l'on retrouve également chez un grand nombre de propriétaires.

Un mot intéressant à l'adresse du propriétaire et du régisseur, qui, ignorant peut-être l'avenir réservé à ces plantations, semblent avoir cédé plutôt à la mode ou au caprice qu'à une prévoyance rationnelle. Cette réflexion nous a été suggérée par le peu de soins accordés à ces jeunes arbres, qui végètent au milieu des broussailles ou d'autres arbres qui les dominent ; les jeunes mélèzes ainsi étouffés languissent et meurent, tandis que ceux qui se trouvent mieux aérés sont d'une belle végétation. C'est là une question d'un grand avenir qui exige du propriétaire quelques soins.

En terminant, nous ferons remarquer, qu'en raison même des spécialités, pour lesquelles Mme Lagorce a déclaré vouloir concourir, nous ne nous sommes préoccupés ni de l'état ni du nombre de têtes de bétail, qui est d'ailleurs généralement bon, ni de l'état des cultures, qui sont en voie de création.

En conséquence de ce qui précède, votre commission, messieurs, dégageant des objets en concours les différents travaux en voie d'exécution, et non assez avancés pour mériter vos récompenses, vous propose de décerner à Mme Lagorce :

1° Le 1er prix pour constructions rurales ;

2° Le 1er prix pour création de chemins.

Terre de Vieillecour, située commune de Saint-Pierre-de-Frugie, canton de Jumilhac. — Mme Dauriac.

La terre de Vieillecour faisait partie de la châtellenie de Frugie, l'une des 22 qui composaient la baronnie de Nontron, ainsi que nous l'apprend M. de Laugardière, dans ses savantes et intéressantes notes historiques sur le Nontronnais. Par le mariage d'Alain d'Albret avec Françoise de Bretagne en 1460, la baronnie de Nontron passa de la maison de Bretagne dans celle d'Albret. Ce qui explique les fréquents séjours, à Vieillecour, de Jeanne d'Albret, la mère de *lou nostré Henric*, comme disent encore les Béarnais. C'est là que la reine de Navarre aimait à se retirer loin de la vie agitée du château de Pau. L'ancienne résidence royale, parfaitement entretenue, a été conservée avec soin. Située sur une éminence, en parcourant les terrasses on domine non-seulement le domaine, mais encore une vaste étendue de pays, qui rappelle en miniature les montagnes du Béarn. Ajoutons que l'hospitalité offerte à Vieillecour, pour être moins princière que sous ses premiers possesseurs, n'en n'est pas moins gracieuse, et semble avoir conservé un certain cachet de cette aménité franche et cordiale du Béarnais.

Mme Dauriac se montre, sur la terre de Vieillecour, la digne héritière de son père, M. Fonreau, ancien conseiller à la cour de Bordeaux, trop tôt enlevé à l'affection de sa famille, de ses nombreux amis et aussi aux travaux d'améliorations agricoles qu'il avait si intelligemment entrepris à un âge où l'homme, d'ordinaire, n'ambitionne plus que le repos.

La terre de Vieillecour, assise sur le territoire de la commune de Saint-Pierre-de-Frugie, canton de Jumilhac, est d'une étendue de 450 hectares de nature siliceuse et granitique.

Par sa situation topographique, la nature de son sol et aussi l'abondance de ses eaux, Vieillecour se prête admirablement à la création des prairies et aux pâturages. Tel était le but que s'était proposé M. Fonreau.

A cet effet, il avait amené les eaux supplémentaires qui lui manquaient et nécessaires à l'irrigation, de plusieurs kilomètres, et commencé un tracé d'irrigation qui malheureusement manque aujourd'hui, il faut bien le dire, d'entretien et demanderait d'être achevé.

Outre l'élevage du bétail, auquel se prête si bien la terre de Vieillecour, qu'il nous soit permis de signaler quelques autres branches de l'économie rurale, trop méconnues malgré les produits certains qu'elles assurent à ceux qui s'y adonnent.

Au premier rang nous placerons la pisciculture, dont l'importance n'a pas échappé à votre sage et haute prévoyance, puisque nous la trouvons mentionnée à votre programme au nombre des créations admises à vos récompenses.

La pisciculture trouverait à Vieillecour l'une de ses plus faciles et plus fructueuses applications. Pratiquée sur les nouvelles données de la science, elle assurerait au propriétaire de magnifiques revenus, tout en apportant un large contingent à l'alimentation publique.

Aux eaux de sources déjà abondantes, et à celles amenées par M. Fonreau, on peut joindre celles de quatre ruisseaux qui traversent la propriété et qui sont : la Valouze, les Atries, la Châtelenie et les Garennes. Toutes ces eaux, convenablement emménagées, permettraient, par leur abondance et leurs qualités diverses, la création du plus bel établissement piscicole que l'on puisse imaginer.

Quant à l'écoulement des produits, il serait facilité par la proximité de deux stations de chemins de fer, Bussière-Galant et la Coquille.

A cette fructueuse et intéressante industrie, on pourrait joindre l'élevage et l'engraissement de la volaille, également favorisés par la nature du sol ; et enfin l'apiculture, qui prend en ce moment un si vaste développement et dont les ressources semblent pour ainsi dire inconnues.

Il sera facile de comprendre comment, avec des frais relativement minimes, on pourrait faire de Vieillecour une terre d'un grand revenu. Pour réussir dans ces multiples créations industrielles, il faut plus le goût de la chose que d'argent.

En un mot, messieurs, Vieillecour, par son étendue, la nature de son sol et de ses eaux, ses bois, sa disposition physique et topographique, se prête à toutes les industries agricoles les plus agréables et les plus fructueuses.

L'exploitation agricole est divisée, en ce moment, en huit domaines ou métairies, dont trois de création nouvelle et ne remontant qu'à peu d'années. Mme Dauriac ne concourant que pour améliorations des constructions, nous ne ferons que signaler incidemment l'état des cultures, qui se bornent à du seigle, des betteraves, des choux et quelques prairies artificielles, qui nous ont paru laisser beaucoup à désirer ; faisant observer toutefois qu'elles ont eu à souffrir des gelées d'avril et de la grêle survenue le 3 juin.

Il a été construit tout récemment un four à chaux sur la

propriété, et déjà certaines étendues ont pu être chaulées, mais les effets n'ont pu encore être constatés.

Les prairies demandent d'urgence la régularisation des eaux d'arrosage, quelques nivellements et, pardessus tout, une application de phosphate fossile, sous l'influence duquel la qualité et la quantité du foin ne pourraient qu'augmenter dans une proportion notable.

Drainage. — Sur une partie du domaine, M. Fonreau avait pratiqué le drainage. Votre commission a tenu à en constater les effets. L'abondance des eaux qu'il fournit est un des plus intéressants exemples des effets de cette opération bien exécutée. C'est là une amélioration dont la terre de Vieille-cour serait appelée à retirer de grands avantages, si elle y prenait plus d'extension. L'importance de ces travaux n'a pas échappé au jury d'examen du concours régional en 1870, puisqu'ils valurent à M. Fonreau une mention honorable de la part de cette haute institution.

Mme Dauriac, nous devons le mentionner, s'est dévouée à la continuation de l'œuvre de son père, avec un zèle et une ardeur dignes des plus grands éloges. Elle comprend largement le rôle de la femme appelée à vivre au milieu des champs, et l'influence qu'elle peut exercer sur son entourage, en participant au développement d'une culture intelligente, comme elle nous le disait. Ses premiers soucis se sont portés sur la métairie qu'elle tient dans sa réserve, et qui doit servir de modèle aux autres ; c'est là surtout qu'ont été accomplis des travaux bien compris.

Quant aux autres, surtout celles d'ancienne création, elles se trouvent dans un état de délabrement des plus regrettables, mais sous une direction aussi pleine de zèle que d'intelligence, ce n'est qu'une question de temps. Votre commission s'est retirée avec la ferme persuasion qu'au prochain concours les jurés auront à constater les améliorations que nous venons d'indiquer.

La réserve demeure donc seule soumise à nos appréciations.

En présence d'un aussi grand nombre de domaines à améliorer, ne pouvant opérer sur tous à la fois, M. Fonreau, peu de temps avant sa mort, avait établi un spécimen pour ainsi dire des améliorations à réaliser successivement sur les autres métairies. C'est ainsi que cette réserve ne possédait que des bâtiments en mauvais état et insuffisants, puisqu'ils ne pouvaient contenir que 4 à 500 quintaux métriques de fourrage et 10 têtes de bétail. Le propriétaire, comprenant

que la principale industrie de Vieillecour devait avoir
pour objet l'élevage et l'entretien du bétail, a construit à
nouveau une grange-étable pouvant être donnée en exemple
à tous ceux qui seront dans l'intention de construire.

Cette grange-étable peut loger 50 têtes de gros animaux,
et le grenier à fourrage, qui règne sur le tout, peut contenir
1,500 quintaux métriques de foin. Nous ne connaissons à lui
comparer dans nos contrées que les étables de la réserve du
château de La Roche-Beaucourt, appartenant à M. le comte de
Béarn, et celle du château d'Ahon, à Blanquefort (Gironde),
appartenant à M. Damade. Cette dernière fut établie sur les
plans fournis par l'un de vos regrettés collègues, M. Marcon ;
ce fut pour ainsi dire son testament agricole.

Dans l'étable de Vieillecour, comme dans les deux autres
citées, les animaux sont rangés sur deux lignes, se faisant
face, et séparés par un large passage en ciment comprimé,
servant à la préparation et à la distribution de la nourriture.

Des mangeoires en bois règnent sur toute la longueur et
sont surmontées d'une cloison en bois avec ouvertures pour
le passage de la tête des animaux.

Le parquet où reposent les animaux est également en ciment comprimé, muni d'une rigole d'écoulement pour les purins. Ce parquet nous a paru trop bombé ; les animaux doivent s'y fatiguer, soit debout, soit couchés.

Les rigoles à purin ont reçu une pente convenable pour aller s'égoutter sur l'aire à fumier, dont nous allons parler tout
à l'heure.

L'aération et le service sont bien compris, et l'étable, dans
son ensemble, présente les meilleures conditions hygiéniques.
Bien qu'elle soit disposée pour contenir 50 têtes de gros
bétail, au moment de notre visite, elle ne possédait que 12
bœufs, 5 vaches, 1 taureau et un bouvillon, tous de race limousine, de bon choix et bien entretenus. Les vaches partici-
pent au labour. Nous aurions désiré trouver plus de places
occupées.

L'aire à fumier se trouve située à l'une des extrémités et
en contre-bas de l'étable. Elle est recouverte d'une toiture
en tuiles. Par suite de la disposition naturelle du terrain,
l'enlèvement des fumiers de l'étable est facile et économique.
— La masse des fumiers se répartit sur deux aires, séparées
par un passage pour les charrettes, avec fosse à purin, servant à entretenir, à l'aide d'une pompe, une fermentation
convenable dans la masse des fumiers.

A l'autre extrémité de l'étable et la reliant à d'autres bâtiments de servitude, existe un vaste hangar, servant de sortie à la cour, et à abriter les charrettes et instruments aratoires. A la suite une vaste grange servant à recevoir les céréales au moment de la récolte.

En sortant par le hangar se trouvent les logements de l'homme d'affaires et du colon ; ces hâtiments sont bien aérés, bien disposés et bien entretenus. La tenue de l'intérieur n'est pas moins bonne ; tout y respire l'aisance, et malgré un grand nombre d'enfants, tout y est propre et en ordre.

Là encore nous avons eu le regret de ne pas trouver de comptabilité.

Tel est, messieurs, le résumé de notre visite à Vieillecour, et en conséquence duquel nous vous proposons de décerner à Mme Dauriac :

Le 2me prix pour drainage et irrigation ;
Le 4me prix pour constructions rurales.

Domaine d'Azat, commune de Nontron, appartenant à M. Ribault de Laugardière.

M. de Laugardière est un de ces pionniers infatigables du progrès agricole et humanitaire, dont nous voyons chaque année se grossir les rangs, sous la vivifiante impulsion du comice de Nontron, Bussière, Saint-Pardoux et de la Société d'agriculture de la Dordogne. Depuis bien des années, en effet, le nom de M. de Laugardière figure parmi les lauréats de ces deux associations ; c'est donc, pour nous, une bonne fortune, d'avoir encore une fois à vous entretenir des travaux d'amélioration accomplis au domaine d'Azat. Ce n'est pas qu'ils soient tous de récente création, mais ils n'en méritent pas moins de vous être signalés.

C'est vers 1858 que M. de Laugardière prit la direction du domaine d'Azat, composé de deux métairies, dans un état de ruine à peu près complet. Il lui fallut accomplir de grands travaux de diverses natures pour arriver à ce résultat, d'obtenir un revenu de près de 10 p. % du capital représenté par ces deux métairies.

M. de Laugardière ne concourant cette année que pour améliorations apportées aux constructions rurales, nous n'avons pas à surcharger notre travail de l'examen des cultures ou autres travaux terriens effectués sous son intelligente direction. Il faudrait, en effet, vous parler de la substitution du froment au seigle, d'importants défrichements qui ont presque doublé l'étendue des terres arables ; de l'introduction des plantes racines fourragères sur une échelle relativement importante ; des plantations d'arbres fruitiers, etc., toutes choses que nous trouvons déjà avantageusement mentionnées dans les annales du Comice et de la Société.

A son entrée en jouissance, M. de Laugardière trouva les bâtiments d'habitation et de servitudes dans l'état suivant : Au nord, une maison de colon, composée de deux chambres au rez-de-chaussée, sans air et sans lumière, avec la terre pour parquet. A l'ouest, une grange-établc insuffisante et en mauvais état. A l'est, un fournil, et au sud, une étable à brebis, avec grenier à fourrages au-dessus, interceptant l'air et le soleil, nécessaires non-seulement à la bergerie, mais encore aux autres bâtiments, le tout formant une cour d'un are environ.

Les premiers soins de M. de Laugardière se portèrent sur le logement des colons, comprenant en cela le devoir qui incombe à tout propriétaire, de pourvoir et veiller à la santé et au bien-être du travailleur qui le seconde dans ses travaux. Il fit ouvrir deux larges croisées au sud, et fit construire une troisième chambre. A la terre du parquet il fit substituer un pavage plus salubre et plus facile à entretenir propre.

La grange et l'étable à bœufs étaient insuffisantes et mal aérées ; il les a fait agrandir et établir des jours qui permettent de renouveler l'air au besoin.

Enfin l'étable à brebis, située au midi, construite dans les conditions les plus fâcheuses, a été enlevée et remplacée par d'autres constructions élevées sur les deux autres côtés de la cour, qui s'est trouvée augmentée de près de deux tiers, ce qui permet à l'air de mieux circuler et au soleil d'y porter ses rayons bienfaisants.

Derrière la maison du colon, il existait une mare, où le séjournement des eaux formait un foyer permanent d'émanations malfaisantes ; il l'a fait combler et remplacer par un puits-citerne, à 50 mètres environ des bâtiments, où les eaux des toitures, jointes à celles de quelques petites sources, se rendent par des conduits souterrains et forment la réserve nécessaire pour abreuver les animaux.

Le second domaine présenté au concours par M. de Laugardière est situé au même lieu. Il possédait en bâtiments une maison de colons composée d'une chambre au rez-de-chaussée et une autre au-dessus, à laquelle on parvenait par un escalier ouvert, et éclairée par une seule croisée ; y attenant une grange placée au nord ; en face, au midi, s'élevait un hangar ainsi qu'un vieux corps de bâtiments interceptant l'air et la lumière.

Dans la maison du colon, au rez-de-chaussée, il a été ouvert une large croisée; l'escalier ouvert donnant accès au premier étage a été fermé par une cloison en planches, qui rend en hiver le rez-de-chaussée comme le premier étage, mieux clos et plus chaud, et supprime en tout temps le courant d'air si nuisible à la santé, surtout lorsqu'on rentre du travail pour prendre le repas. De plus, au premier étage, il a été créé une seconde chambre qui évite une trop grande agglomération de personnes pendant la nuit.

Là encore l'étable a reçu un supplément de crèches pour quatre bêtes; et l'ouverture d'une seconde porte et de trois petites croisées lui donne la salubrité qui lui manquait.

Une seconde grange a été agrandie, le fournil et une portion d'étables ont été reconstruits.

L'élévation des bâtiments situés au midi a été abaissée pour permettre à l'air et au soleil de circuler avec plus de facilité.

Ces différents travaux ont été accomplis avec beaucoup d'intelligence et une économie bien entendue. Par suite, l'hygiène des hommes, comme celle des animaux, est sensiblement améliorée, le service plus facile. Ces améliorations n'ont occasionné qu'une dépense relativement minime, soit pour le premier domaine environ 1,500ᶠ

Pour le deuxième 1,100

Les bois provenant de la propriété évalués à environ 400

Soit ensemble 3,000ᶠ

Votre commission, appréciant l'importance des améliorations effectuées dans les domaines d'Azat, quoique remontant déjà à quelques années, et bien qu'elles aient été déjà l'objet de différentes mentions, vous propose cependant de décerner à M. de Laugardière le cinquième prix de constructions rurales.

Domaine de Lascaud, commune de Piégut-Pluviers, appartenant à M. Laforge.

Le domaine de Lascaud, situé commune de Piégut-Pluviers, appartient à M. Laforge (Pierre), ex-capitaine des mobiles de la Dordogne.

Comme vous le voyez, messieurs, nous avons à faire à un soldat laboureur. En effet, après avoir acquis ses droits à la retraite, dans l'administration militaire, et s'être fait agriculteur, M. Laforge, n'écoutant que la voix de son patriotisme en présence des revers de la patrie, n'hésita pas à quitter les douceurs du foyer domestique, pour aller de nouveau, à la tête d'une compagnie des mobiles de la Dordogne, exposer sa vie pour la défense du pays. Revenu au sein de sa famille, il reprend avec une nouvelle ardeur le cours de ses travaux agricoles.

Il y a environ dix ans, il a détaché de son domaine une étendue de treize hectares environ, entièrement incultes et de nature siliceuse ; il en a effectué le défrichement et construit une maison de colon, une grange-étable et une porcherie, en un mot il a conquis sur la nature une nouvelle métairie ; c'est celle qu'il présente au concours et dont nous allons vous entretenir.

Disons, tout d'abord, que si M. Laforge apporte à son œuvre un zèle et une activité des plus louables, votre commission, tout en lui rendant hommage de ce côté, ne saurait partager, d'une manière aussi absolue qu'il le fait, sa manière d'opérer, les résultats obtenus ne justifiant que trop notre appréciation, ainsi que nous allons le voir. D'un autre côté, nsus devons le reconnaître, M. Laforge n'est pas éloigné de partager l'opinion de votre commission à cet égard, puisqu'il nous a déclaré n'avoir pris part au concours que sur d'instantes sollicitations, comprenant bien qu'il n'était pas dans les conditions du programme.

M. Laforge s'est fait une règle de conduite qui nous a paru peu en harmonie avec l'importance des améliorations qu'il a entreprises, à savoir de transformer sa propriété sans rien dépenser.

Le sol est de nature siliceuse, à sous-sol imperméable, qui sur plusieurs points ne permet pas aux eaux de s'écouler, au plus grand préjudice des récoltes.

Nous avons commencé notre visite par l'examen d'une prairie, provenant d'une lande et châtaigneraie, défrichées par le colon, et qui, sans nivellement préalable, ni assainissement, a été convertie en prairie. Il est vrai que depuis M. Laforge a fait pratiquer un fossé, dans la longueur et suivant la pente du terrain, qu'il l'a fait maçonner et recouvrir de terre ; mais comme ce fossé arrive dans la partie la plus déclive du terrain à affleurer le sol, il en résulte que les eaux, ne trouvant pas d'issue pour s'écouler, forment en cet endroit un marécage. M. Laforge appelle cela du drainage ;

votre commission n'y a vu qu'un déplacement d'eau onéreux et sans aucun effet utile.

Toutes les terres de cette métairie ont été conquises par le travail seul du métayage ou à peu près, puisque la dépense en argent faite par M. Laforge s'élève à peine à 300 francs. Les prés sont moins que bons et demanderaient des amendements calcaires. Les récoltes céréales sont maigres.

Quant au calcaire, M. Laforge, dès le principe, a fait construire un four à chaux ; il nous a déclaré l'avoir employée à raison de 50 quintaux à l'hectare, mais il renonce aujourd'hui à renouveler cet amendement, préférant vendre sa chaux à ses voisins.

Le pré Patoureau, d'une contenance de deux hectares, est encore plus mauvais que le précédent. Les récoltes en terre sont d'un maigre aspect ; le premier pas avait été fait, mais une voix a crié halte ! Ce qui n'empêche pas M. Laforge de continuer son œuvre de défrichement et de destruction de châtaigneraie en plein rapport et de la plus belle venue. Il nous a semblé que M. Laforge, avant d'opérer de nouvelles conquêtes improductives, aurait mieux fait de chercher à rendre fructueuses celles déjà réalisées. La commission, au nom de l'agriculture rationnelle, blâme énergiquement cette manière d'opérer. La seule chose bonne à constater sur la métairie de Lascaud, consiste dans les constructions.

La maison de colon, située au sommet d'un coteau à pente douce, est composée de deux chambres au rez-de-chaussée, avec grenier au-dessus, bien aérée et très-convenable pour une famille peu nombreuse. La grange-étable y attenant est également spacieuse et bien disposée ; on y nourrit quatre vaches.

En retour d'équerre, mais séparée de la grange, se trouve la porcherie, convenablement établie ; l'outillage de cette métairie se compose de une charrue à age brisé et d'une herse Valcour.

La comptabilité se borne à des notes et à des comptes du métayage sans aucune valeur comme comptabilité.

Le domaine de Lascaud n'ayant présenté aucun résultat réel au point de vue cultural, nous ne l'avons pas admis au concours de la prime d'honneur ; mais d'un autre côté reconnaissant le bien établi des constructions, votre commission a l'honneur de vous proposer de décerner à M. Laforge le sixième prix pour les constructions rurales.

Domaines de Lage et Lapouyade, communes de Nontron,
Savignac, Saint-Angel, appartenant à M. le marquis
de Lagarde.

La Société d'agriculture de la Dordogne, parfaitement au
courant des besoins et des intérêts de notre département, a
mis au nombre des travaux dignes de ses récompenses, ceux
qui concernent la sylviculture.

La commission chargée de la visite des domaines, en ren-
contrant de distance en distance des parties de bois d'une
végétation superbe, se demandait quand il lui serait donné de
visiter des domaines dans lesquels cette partie de l'agriculture aurait reçu des soins tout particuliers.

Elle devait avoir cette bonne fortune dans les propriétés
de M. le marquis de Lagarde.

M. de Lagarde, dont les possessions sont considérables dans
l'arrondissement de Nontron, mais n'ont pas une qualité qui
réponde toujours à leur immense étendue, a donné des
soins aussi bien entendus que persévérants à la sylviculture ;
il a eu l'excellente idée de convertir en bois de très tristes
landes.

Etudiant la nature du sol sur lequel il opérait, il lui a
confié les essences d'arbres qui lui convenaient le mieux. Un
grand soin a présidé aux travaux de M. de Lagarde. Sur cent
cinquante hectares de terres, ont été pratiqués des semis de
bois. Si vous parcourez ces grandes étendues couvertes de
feuillage, vous vous croyez transporté dans les forêts du nord
et de l'est de la France.

On comprend que leur propriétaire a visité ces pays et qu'il
a emprunté leurs excellentes méthodes d'éclaircir les bois et
de les soigner.

Ici ce sont des bois de haute futaie, les chênes y sont super-
bes, leur écorce est lisse, leur corps n'est pas déchiré par la
serpe de l'ignorant, qui, chargé d'élaguer, de faire disparaître
les branches qui nuisent à la tête de l'arbre en divisant la
sève, a élagué de haut en bas. Certains arbres vous font
penser aux druides. Ici vous rencontrez des semis considérables de pins ; plus loin ce sont des clairières qui ont disparu ;
de jeunes arbres y croissent avec vigueur et fierté ; plus loin
des chênes et des châtaigniers d'une belle croissance. M. de
Lagarde n'a pas cru qu'il suffisait de faire une coupe de bois,
puis de se croiser les bras en attendant l'époque où l'on pourra
opérer une nouvelle coupe ; il profite de cette espèce de repos
pour replanter dans les vides.

Une remarque que la commission a faite, c'est que M. de

Lagarde laisse croître dans ses forêts toutes les espèces d'arbres qui y poussent ; elle serait très tentée d'attribuer la faiblesse de végétation des bois en Périgord et leur peu d'épaisseur, à cette malheureuse habitude, qui consiste à faire la guerre dans les bois, à tout arbre qui n'est pas un chêne. Beaucoup de sages esprits qui se sont occupés de sylviculture, croient qu'il existe chez les arbres une rotation, et qu'à telles essences d'arbres en succède une autre au bout d'un certain nombre d'années.

Les chemins pour l'exploitation des bois sont parfaitement entretenus chez M. de Lagarde, aussi ceux-ci sont-ils très-facilement enlevés après leur vente.

La commission, devant d'aussi beaux travaux, et en présence de résultats que tout le monde connaît, désireuse de favoriser le reboisement, propose d'accorder à M. de Lagarde, qui dans le précédent concours a obtenu de vous le premier prix de sylviculture le rappel de cette distinction.

Beaucoup de terres sont incultes dans le Nontronnais ; la population manque ; d'un autre côté les terres produisent des arbres d'une manière extraordinaire. La commission a vu des planches faites avec des châtaigniers qui n'avaient pas plus de vingt ans, dans la commune de Romain ; les routes, sources des débouchés, et les chemins de fer, se construisent dans cet arrondissement. Qu'on se hâte donc de faire disparaître ces landes, qui n'inspirent qu'un sentiment de tristesse et ne sont que d'une médiocre utilité pour l'agriculture.

Terre de Mondevy, commune de Saint-Félix-de-Mareuil.
M. de Vandière de Vitrac.

La terre de Mondevy est une propriété patrimoniale du chef de Mme de Vandière.

Cette terre se compose dans son ensemble de 70 hectares 89 ares 24 centiares de natures diverses, variant du calcaire au siliceux, passant par les argiles.

Cette superficie n'est pas entièrement en culture. D'après la déclaration de M. de Vandière, il n'y aurait que :

En prairies naturelles	7^h
— artificielles	4 80
Céréales	10
Racines fourragères	2 50
Maïs	5
Vignes	2 50
TOTAL	31^{h}80^a

c'est-à-dire moins de la moitié.

Le domaine de Mondevy, jusqu'à l'époque où M. de Vandière en prit le faire valoir direct, était d'un revenu de 1,400 fr., par bail authentique. Depuis cette époque, M. de Vandière a élevé ce produit à 4,260 fr. nets de tous frais.

En l'absence de toute comptabilité d'une part, et de la déclaration d'un homme du caractère de M. de Vandière, d'autre part, vous comprendrez, messieurs, que votre commission n'a eu qu'à enregistrer les chiffres accusés, se décomposant de la manière suivante, d'après le questionnaire répondu qui nous a été communiqué, savoir :

Bois	300ᶠ
Vin	350
Maïs	840
Pommes de terre, betteraves, carottes, navets, chanvre, etc.	785
Bétail	1,200
TOTAL	3,475ᶠ

Nous nous bornerons à faire remarquer que M. de Vandière a omis, dans le bilan ci-dessus, les produits suivants indiqués au questionnaire :

150 hectolitres de froment, à 20 fr.		3,000ᶠ
120 — d'avoine, à 9 fr.		1,080
25 — de haricots, à 20 fr.		500
TOTAL		4,580ᶠ

En réunissant ces deux sommes, le revenu de Mondevy serait alors de 8,055 fr. Votre commission se permet toutefois de faire une réserve ; c'est que si les plantes-racines, et menues graines, qui d'ordinaire sont consommées par le bétail, sont converties directement en valeur argent, elle se demande s'il n'y a pas là un double emploi avec les 1,200 fr. réalisés sur le bétail.

Cette réserve faite, nous allons passer en revue les onze faits principaux articulés par M. de Vandière à l'appui de sa déclaration.

1o Amélioration : 3,325ᵐ de drainage.

Si dans quelques parties le drainage fonctionne régulièrement, il en est d'autres où il laisse à désirer, ainsi par exemple, dans la partie basse du coteau situé à l'ouest, où le drainage effectué sur cette partie est plutôt nuisible qu'utile;

2° Création de prairies importantes sur un sol précédemment en friche.

La prairie qui se trouve sur le coteau sud est bonne ; au-dessus de ce pré est une pièce de terre, déclarée d'une contenance approximative de 4 hectares, de nature argilo-calcaire, ensemencée en froment dans lequel a été semé un trèfle-sainfoin-luzerne. Le blé était bon. Au-dessus de cette pièce principale un autre froment très-maigre. La culture des céréales est faite par des ouvriers partiaires au sixième, les pommes de terre sont cultivées au tiers.

3° Etendue considérable de friches converties en prairies artificielles et en terres devenues fertiles par le drainage et le plâtrage.

En remontant le coteau et traversant un petit chemin d'exploitation est une vieille luzerne complétement usée et envahie par la cuscute.

4° Culture de plantes fourragères.

Cette culture nous a paru laisser à désirer.

5° Amélioration des prairies naturelles par le drainage, l'engrais et le plâtrage.

Votre commission, messieurs, admet très-bien le drainage comme moyen améliorateur des prairies, mais il ne saurait en être de même de l'emploi du plâtre sur les prairies naturelles, à moins que le fonds ne soit composé de plantes appartenant à la famille des légumineuses, car il est démontré que le plâtre n'est d'aucun effet sur les graminées; il n'en est pas de même des phosphates fossiles, qui seraient d'un grand effet sur la plupart des terres de Mondevy.

6° Converti une grande étendue de très-mauvais prés tourbeux, couverts de mauvaises plantes, en terre d'excellente qualité et en plein rapport, grâce au drainage.

Ceci se rapporte plus particulièrement à la partie inférieure du coteau ouest, dont il a été fait mention au numéro 1. Votre commission a le regret de ne pouvoir partager la manière de voir de M. de Vaudière. Loin d'être satisfaite de cette partie du domaine, elle estime qu'il y a beaucoup de travail à y faire pour l'amener à cet état de fertilité indiqué au questionnaire.

7° Construction de divers bâtiments d'exploitation et plantations d'arbres.

Les constructions sont bonnes et bien entretenues. La porcherie cependant fait exception. Ouvrant au levant, elle est divisée en plusieurs compartiments, beaucoup trop bas et manquant absolument d'air, car nous n'avons pu prendre pour une aération suffisante à une porcherie, les deux ouvertures étroites placées une à chaque extrémité.

Au-dessus des porcs se trouve le poulailler.

Quant aux plantations d'arbres, elles ne nous ont montré aucun caractère d'ensemble et d'importance pour mériter d'être mentionnées. La plupart des arbres qui existent à Mondevy sont des arbres déjà vieux et complétement abandonnés à eux-mêmes.

8° Accuse une dépense de 10,000 fr. en constructions et réparations.

C'est là une question en dehors de la compétence de votre commission, qui n'a pu la contrôler.

9° Ces diverses améliorations ont eu pour résultat d'augmenter le produit annuel de 2,860 fr. en moyenne et environ.

Votre commission, n'ayant eu communication d'aucune pièce de comptabilité, ne peut qu'enregistrer la déclaration de M. de Vandière.

10° L'état général actuel de la propriété, comparé à l'ancien, lui est bien certainement de beaucoup supérieur, tant pour l'élévation des produits que par l'aspect, qui autrefois n'offrait à l'œil qu'un sol couvert, dans beaucoup de ses parties, de joncs et autres plantes parasites qui poussaient là en toute liberté, et qui aujourd'hui ont disparu par suite d'une meilleure culture, de défrichements, de drainage et d'engrais de tous genres.

Ce dixième paragraphe ne faisant que reproduire les déclarations précédentes, la commission ne peut non plus que répéter : Que n'ayant eu communication d'aucune pièce justificative des produits non plus que des travaux accomplis, elle se voit forcée de s'en tenir à ce qui est du ressort des yeux ; si quelques parties sont bonnes, il en est d'autres qui laissent à désirer.

11° Enfin, les voies de communications, autrefois impraticables, sont aujourd'hui en très-bon état, par les soins du propriétaire, et rendent l'exploitation d'autant plus facile.

Malgré les termes dans lesquels sont accusées les améliorations apportées aux chemins, votre commission, tout en reconnaissant qu'ils sont praticables, ne peut admettre leur état de perfection que relativement à ce qu'ils ont pu être.

M. de Vandière déclare en outre entretenir sur la terre de Mondevy, savoir :

8 bœufs, 4 vaches, 7 chevaux, 46 bêtes à laine et 10 porcs.

Nous n'avons constaté la présence au moment de notre visite que de 6 bœufs, 3 vaches, 2 juments et un poulain d'un an.

Quant à la porcherie, elle paraît inhabitée depuis longtemps.

Bêtes à laine, il ne nous en a pas été montré.

En résumé, la terre de Mondevy présente des variations sensibles dans l'état des récoltes ; si quelques parties sont bonnes, il en est aussi d'autres qui laissent à désirer.

L'avis de votre commission est que M. de Vandière, en 1866, mérita la médaille d'argent que vous lui décernâtes à cette époque, alors qu'il venait d'accomplir certaines améliorations ; mais que depuis cette époque, s'en rapportant à ce premier succès, il se trouve aujourd'hui distancé par ses concurrents. C'est donc avec regret qu'elle ne peut lui accorder une de vos primes d'honneur pour ensemble de culture, mais elle réclame pour lui une nouvelle médaille d'argent pour améliorations à ses prairies.

Domaine de Lascaud, situé commune de Nontron, appartenant à M. Ardillier.

La propriété de Lascaud, située commune de Nontron, fut achetée en 1865, par M. Ardillier.

Elle est d'une étendue totale de 62 hectares, et divisée en deux métairies. Au moment de l'acquisition, elle était affermée moyennant le prix annuel de 1,650 fr.

L'entrée en jouissance n'eut lieu que vers la fin de 1866, par suite de résiliation amiable du bail à ferme. C'est à ce moment que M. Ardillier entreprit les améliorations qu'il avait projetées. Ayant rencontré, dès le début, une fâcheuse résistance de la part des colons, il dut les remplacer. Ceux qu'il a aujourd'hui, plus dociles à ses instructions, lui permettent de poursuivre son œuvre de restauration.

Situé sur un sol accidenté et de nature granitique, le domaine de Lascaud n'est pas sans présenter quelques difficultés.

Ancienne situation : Les cheptels dont étaient pourvues les deux métairies étaient représentés, d'après les déclarations de M. Ardillier, par une somme de 5,390 fr. ; aujourd'hui il l'évalue à 13,000 fr. au moins.

Dans l'une des métairies nous avons constaté l'existence de 6 bœufs, 3 vaches et 1 élève.

Dans l'autre 6 bœufs, 4 vaches et 3 élèves, soit ensemble

5

23 têtes auxquelles il convient d'ajouter 2 truies et leur suite.

Chaque métairie est outillée de 4 charrues à age brisé, une herse roulante et une Valcourt.

M. Ardillier est du nombre des propriétaires qui ne veulent opérer des améliorations à leurs domaines qu'avec les propres ressources qu'ils y puisent, aussi la marche est-elle lente, et le progrès en résultant est-il bien constaté ? C'est là ce qu'on est en droit de se demander, surtout lorsqu'aucune comptabilité régulière n'est présentée à l'appui des faits avancés. M. Ardillier personnellement, étant une notabilité commerciale de la ville de Nontron, devrait, plus que beaucoup d'autres propriétaires, être pénétré de l'effet salutaire d'une comptabilité régulièrement établie et rigoureusement tenue sur toute entreprise ; il n'en existe pas pour la propriété de Lascaud , si ce n'est un livret de métayer. Or, chacun sait ce que c'est, à peine équivaut-il au livre de dépense. Aussi , que M. Ardillier y prenne garde , quoique pour effectuer ses améliorations, il ne fasse aucun nouvel appel de fonds à sa caisse, comme le prix d'acquisition de sa propriété représente pour lui un capital, lui devant un revenu, s'il n'a à sa disposition aucun contrôle de l'importance et de l'emploi utile de ce revenu, il pourrait bien venir pour lui, comme pour tant d'autres, un moment trop tardif de désillusion.

L'état général des récoltes en terre sans être, à proprement parler, mauvais en totalité, n'en laisse pas moins beaucoup à désirer.

Les prairies naturelles notamment ne reçoivent que peu ou point d'engrais et auraient le plus urgent besoin d'amendements calcaires, surtout en phosphates fossiles ; par suite leur aspect est des plus maigres.

Sur le coteau situé à l'ouest est un assez joli trèfle. La première coupe ayant gelé, il a été fauché immédiatement, et la deuxième est bonne à prendre. L'orobanche et la cuscute y causent cependant quelques dommages. Sur cette pièce, M. Ardillier a supprimé de vieilles haies et une châtaigneraie sans produit. C'est sur ce défrichement de nature granitique, et sans emploi de chaux, qu'il serait parvenu à créer une luzernière. Plutôt que de viser à une telle économie, il nous a paru qu'un chaulage énergique aurait été plus rémunérateur.

Autrefois, sur le domaine de Lascaud, on ne cultivait guère que du seigle. M. Ardillier a interverti cet ordre de choses et aujourd'hui c'est le froment qui domine : mais là

encore se refusant à employer la chaux, si ce n'est exception-
nellement, la culture du seigle serait peut-être plus
rémunératrice.

M. Ardillier s'est également occupé d'améliorer les chemins d'exploitation sur une longueur environ de 550^m qu'il a
créés en remplacement d'un autre qu'il a supprimé ; les
deux côtés de ce chemin ont été complantés en arbres fruitiers
à haut vent.

L'eau manquait fréquemment pour les besoins de la maison
et du bétail ; n'ayant qu'un puits peu abondant, M. Ardillier
est allé chercher les eaux d'une autre source à près de 650
mètres, les a fait arriver aux bâtiments à l'aide de conduits
souterrains.

Les bâtiments étaient pour la plupart en mauvais état ou
insuffisants; une grande partie a été appropriée aux nouveaux
besoins de l'exploitation ; d'autres sont en voie de construction.

L'un des colons habite l'ancienne maison de maître, l'autre
occupe un logement bien distribué et aéré, mais dont la tenue
intérieure ne fait pas honneur à la maîtresse de maison.

La porcherie établie sous un hangar spécial, avec chaudière pour cuire les aliments, est bien disposée et bien aérée ;
les mangeoires placées extérieurement et à portières mobiles
facilitent le service ; quelques réparations seraient cependant
utiles pour faciliter l'écoulement des urines.

Le trop plein des eaux et des purins des étables est reçu
dans une fosse située derrière l'étable, et placée en tête d'un
pré établi sur un coteau à pente rapide d'où elles pourraient
être employées avantageusement à l'arrosage si elles étaient
utilement distribuées à l'aide de rigoles méthodiquement tra-
cées ; mais au lieu de cela le réservoir étant trop petit, elles
se répandent sans aucun effet utile. A mi-coteau de ce pré
existe une fontaine, dont les eaux, abandonnées à elles-mê-
mes, ne favorisent que la production du jonc.

Les deux familles de colons se décomposent comme suit :

Colon Beau fils, deux hommes et cinq femmes ou
filles.

Colon Mériguet, trois hommes, quatre femmes et trois
enfants en bas âge.

Les travaux d'amélioration entrepris par M. Ardillier se
complètent par l'enlèvement de divers terriers qui séparaient
plusieurs pièces de terre ; et un semis et plantation de chênes
dans deux parcelles éloignées des bâtiments, et enfin par la
conversion d'une châtaigneraie en taillis.

Par suite de ces diverses améliorations, le revenu de Lascaud, qui était de 1,650 fr., suivant bail, serait aujourd'hui en moyenne de 2,800 fr., d'après la déclaration écrite, et de 3,200 fr., d'après la déclaration verbale.

Les impôts sont de 220 fr.

Tous autres renseignements soit sur les quantités de semences employées, soit sur les rendements pour un obtenu, ainsi que sur l'assolement suivi, nous manquent absolument.

Quant aux fumiers, tout est à faire à ce point de vue de l'économie rurale.

La commission, tout en constatant de louables travaux accomplis sur la propriété de Lascaud, ne les a pas trouvés suffisamment complets et caractérisés pour leur accorder une récompense. Cependant, désirant donner à M. Ardiller un témoignage d'encouragement à persévérer dans la voie où il est entré, elle vous propose de lui accorder le troisième prix dans le concours imprévu, pour sa conduite d'eau.

Défrichements. — *Terre de Plagne, située commune de Lanouaille, appartenant à M. le baron de Lansade.*

La terre de Plagne, située commune et canton de Lanouaille, appartient à M. le baron de Lansade, pour l'avoir reçue en héritage de son oncle.

Elle se compose de 340 hectares répartis comme suit :

Terres arables	75 h
Prairies naturelles.	80
Bois	95
Landes	90
TOTAL.	340 h.

divisés en ce moment en huit métairies, savoir :

Le Bocage,
Le Verger,
Haute-Plagne,
Basse-Plagne,
Chez Morand,
Chanteranne,
Haute,
La Cave.

Ces métairies ont été pour la plupart conquises sur des terrains en friche de diverses natures et variant du siliceux à l'argilo-calcaire.

Cette voie de conquête remonte déjà à plusieurs années, car dès 1864, la terre de Plagne, à l'occasion du concours

régional, se trouve mentionnée honorablement pour les intelligentes améliorations apportées par le propriétaire.

Depuis cette époque, M. le baron de Lansade n'a cessé de
poursuivre, avec la plus louable persévérance, ses travaux,
non par voie intensive, mais bien par des moyens qui, pour
être plus lents, n'en sont pas moins certains.

C'est ainsi, qu'après avoir procédé au défrichement d'une
étendue convenable de landes, pour créer une métairie de 20
à 25 hectares ; avoir pratiqué le chaulage, sur les terres qui
en ont besoin, à raison de 30 à 35 quintaux métriques par
hectare, renouvelés tous les quatre ans , il construit des logements pour les colons, des granges-étables et autres servitudes convenablement disposées et aérées.

Sur chacune de ces métairies on pratique l'assolement qua-
driennal :

Première année, plantes sarclées, pommes de terre, betteraves globe jaune et disettes, maïs, navets, choux, etc.

Deuxième année : Céréales, blé bleu de Noé. L'irrégularité
de la récolte et la maigreur des épis ont fait penser à votre
commission que la semence avait besoin d'être renouvelée.
Les semis ont lieu à plat et à la volée. Les gelées d'avril y
ont causé quelques dommages et les fraîcheurs printanières
y ont produit la rouille.

Troisième année : Avoine, baillarge avec trèfle ou
luzerne.

Quatrième année : Trèfle ou luzerne; cette dernière est
conservée quatre ans, ou bien encore avoine et jarosses
consommées en vert.

Prairies naturelles. — Les prairies naturelles ont paru
à votre commission la partie faible de la terre de Plagne ;
elles auraient besoin d'être nivelées, drainées et de recevoir
avant toute fumure azotée une application de 5 à 600 kilos
de phosphate fossile à l'hectare.

Les eaux de drainage pourraient être facilement recueillies
et jointes à celles de quelques sources qui se perdent, pour être
utilisées plus tard à une bienfaisante irrigation.

Telle a été l'appréciation que votre commission a pris la
liberté de soumettre à M. le baron de Lansade, qui partage
cette manière de voir, mais qui se trouve un peu débordé
par d'autres nombreux travaux.

Prairies artificielles. — Les prairies artificielles consistent en trèfle et en luzerne. Elles sont dans un état assez

satisfaisant, quoique un peu restreintes pour l'alimentation d'un nombreux bétail.

Outillage. — Instruments et machines. — Il existe à Plagne une machine à battre à manége (système Pinet), pour le service de toutes les métairies.

Chaque métairie est pourvue de deux charrues à age brisé, une herse roulante et une herse Valcourt. C'est peu.

La culture des plantes sarclées a lieu à la main ; ce qui la rend longue, pénible et souvent insuffisante. L'introduction de la houe à cheval et de l'extirpateur contribuerait pour beaucoup à la célérité du travail et à l'amélioration des cultures.

Bâtiments. — Les logements des colons, sans offrir rien de particulier, méritent d'être mentionnés, tant pour leur bon état d'entretien que pour l'aération ; ils sont spacieux et bien distribués, au point de vue de la moralité. Ils se composent tous d'un rez-de-chaussée et grenier au-dessus, et sont bien tenus à l'intérieur.

Les granges-étables, celles qui ont été construites depuis que le propriétaire est entré dans la voie de création de domaines nouveaux, sont bien établies et aussi convenables à l'hygiène des animaux qu'à la commodité du service.

Les étables des domaines anciens laisseraient beaucoup à désirer et auraient mérité la critique de votre commission, si elle n'avait pas trouvé M. le baron de Lansade largement entré dans l'exécution d'améliorations. En effet, les maçons sont à l'œuvre dans plusieurs métairies ; c'est dire qu'à ce point de vue, nous n'avons à formuler aucun vœu ni aucune critique.

Bétail. — Chaque métairie possède, en gros bétail, quatre bœufs et deux vaches, de race limousine, bien choisis et en bon état.

Des truies portières variant de 2 à 5 par métairie, pour la plupart de la race pure du Périgord, ou de croisements qui laissent à désirer, le métissage exigeant, pour produire de bons résultats, une grande intelligence dans son application, forment un ensemble de 20 truies mères.

Quant aux porcs castrés, ils étaient, au moment de notre visite, au nombre de 72.

Nous avons trouvé partout les animaux convenablement lités et bien portants.

Fumiers. — M. de Lansade, pénétré de l'importance des soins que réclame la confection des fumiers et des avantages qui en résultent pour les cultures, a fait établir dans l'une de ses métairies, une aire double en ciment comprimé, séparée par une fosse à purin, également imperméable, servant à arroser les fumiers et le surplus à l'arrosage des cultures à l'aide d'un tonneau à purin. Cet établissement, un peu coûteux, a été fait à titre d'essai ; à l'avenir, il y sera procédé avec plus d'économie dans toutes les métairies, au moyen d'une couche épaisse d'argile, fortement battue.

Récoltes en terre. — Les récoltes en terre ont eu, pour la plupart, à souffrir des gelées d'avril, et n'offrent pas en général l'aspect d'une réussite désirable. Cependant, tout en tenant compte de cette circonstance exceptionnelle, votre commission a pensé que le mal avait été aggravé par un état de souffrance antérieur au météore.

Les plantes sarclées nous ont paru dans un état assez satisfaisant.

Parmi les fourrages verts, une pièce d'avoine-jarosse de deux hectares environ a frappé l'attention de votre commission par sa végétation exceptionnelle et remarquablement belle. Elle nous a paru devoir offrir plus d'avantages à être réservée à mûrir sa graine qu'à être consommée en vert.

Landes. — Les défrichements de landes s'opèrent chaque année sur une assez vaste échelle et avec beaucoup d'intelligence. Nous avons trouvé une pièce de deux hectares environ, ayant déjà reçu deux labours préparatoires et hersages, destinée à recevoir une semence de seigle au mois de septembre prochain.

Arbres fruitiers. — D'importantes plantations de châtaigniers, noyers, pommiers à cidre et pruniers sont effectuées chaque année en bordures des pièces de terre en culture.

Tout en constatant avec de justes éloges des travaux d'amélioration et de conquête qui s'appliquent journellement et depuis plusieurs années sur la terre de Plagne, votre commission n'en regrette pas moins de ne les avoir pas trouvés plus complets, depuis le temps qu'ils sont commencés, et plus en rapport avec les conditions édictées à l'article premier de votre programme. Elle doit également émettre ses regrets sur l'absence d'une comptabilité régulière, qui, outre qu'elle éclairerait le propriétaire sur sa situation agricole réelle, lui servirait également de moniteur dans l'exécution de sa louable entreprise.

En conséquence de ce qui précède, votre commission, messieurs, a l'honneur de vous proposer de décerner à M. le baron de Lansade, une médaille d'argent comme prix unique accordé aux défrichements.

M. le baron de Lansade, pour cette œuvre de tous les jours, a rencontré dans le nommé Toussaint, son régisseur, un homme zélé, honnête et intelligent, qui depuis plusieurs années le seconde à sa plus grande satisfaction. Nous vous proposons de décerner à ce vaillant lieutenant une médaille de bronze et 30 fr. à titre d'encouragement.

FERMIERS.

Domaine de Mérignac, situé commune de Nontron et de Saint-Martin-le-Pin. Exploité par MM. Valade frères, en qualité de fermiers.

Nous vous avons déjà entretenus de MM. Valade frères pour les domaines du Châtenet et du Bourdeix, et nous nous sommes prononcés sur les titres de ces habiles agriculteurs à prétendre à vos récompenses comme propriétaires. Dans ce moment nous avons à vous parler d'une exploitation pour laquelle ils entrent pour la première fois en lice, et qu'ils cultivent à titre de fermiers ; c'est la métairie de Mérignac, située sur les communes de Nontron et de Saint-Martin-le-Pin, appartenant à Mme veuve Chevalier, de Nontron.

L'étendue totale du domaine est de 18 hectares environ, dont partie de nature argileuse et l'autre granitique, répartie comme suit :

Terres arables et prairies artificielles.	12ʰ 80ᶜ
Prairies naturelles	2
Vignes	3
	17ʰ 80ᶜ

MM. Valade sont devenus fermiers de ce domaine au mois de septembre 1862, moyennant le prix annuel de 420 fr., les impôts demeurant à la charge du propriétaire. Le chiffre de cet impôt est bon à enregistrer, car il donne une idée de la valeur du domaine, lors de l'entrée en jouissance des fermiers ; il est de 22 fr.

Les terres étaient pour la plupart en friches, le peu qui

était livré à la culture ne recevait que des labours superficiels ; les prés étaient dans un état tel qu'on ne les fauchait qu'en partie, soit en raison de l'abondance des mauvaises herbes, soit pour cause d'absence complète de foin.

Les bâtiments étaient en parfait rapport avec une telle situation culturale, mauvais et insuffisants.

Le cheptel vivant livré à MM. Valade était évalué à 760 fr., le cheptel mort à 185 fr. et le revenu total n'atteignait pas toujours 400 fr.

Tel était le point de départ il y a dix ans, et avant de suivre le fermier dans l'exécution de ses travaux, il est convenable d'enregistrer ici, en parallèle, les chiffres de 1862 et de 1873 :

	1862	en 1873
Cheptels vivants	760	3,320
Cheptels morts	185	515
Revenu	400	2,117

Depuis huit années ce chiffre de 2,117 fr. est obtenu et souvent dépassé.

Vous comprenez, messieurs, pour atteindre un pareil résultat après deux années de jouissance, quelle somme de travail et d'intelligence il a fallu.

Il n'est pas sans enseignement d'étudier les moyens employés par MM. Valade, pour changer une mauvaise situation en une excellente opération. Nous n'avons pas à enregistrer ici les chiffres considérables, quoique bien rémunérés, que nous avons rencontrés dans les grandes exploitations. Nous sommes là tout-à-fait dans la petite culture, en présence de petites dépenses, mais faites à propos et avec intelligence.

Bâtiments en mauvais état et insuffisants ; le fermier reconstruit à ses frais la grange et fait diverses réparations, pour une somme de ... 208f 95c

Drainage et fosse à purin ... 132

Enlever 300ᵗᵘ de terriers à 0,15c l'un ... 45

Chaux 530 hectolitres à 1.35 ... 715 50c

Capital immobilisé ... 2,901f 45c

A cette somme il convient d'ajouter pour augmentation de cheptel vivant et mort ... 1,880

Total des avances faites par le fermier ... 4,781f 45c

Si au prix de ferme qui est de 420 fr. on ajoute l'intérêt du capital immobilisé, soit 239 fr. 07 c., le prix réel de la ferm.e se trouve être de 659 fr. 07 c.

Le bénéfice actuel et constant depuis huit ans, étant de 2,117 fr. ou environ, à partager avec le colon, soit 1,058 fr. 50 c. pour chacun, n'en représente pas moins pour le fermier seul un revenu net de près de 15 p %.

Pour atteindre un tel résultat, MM. Valade ont installé à Mérignac le colon Couturier qui, depuis 20 ans, travaille sous leur direction. Ils ont, à l'aide de fortes charrues introduites sur le domaine, procédé à des labours profonds ; chaulé les terres qui en avaient besoin, à raison de 24 hectolitres à l'hectare ; draîné quelques parties à sous-sol imperméable ; purgé les prés des mauvaises herbes, en un mot mis en bon état les terres déjà en culture ; ils les ont augmentées par des défrichements de landes improductives ; ont créé des prairies artificielles et cultivent une grande quantité de plantes sarclées, de telle sorte qu'aujourd'hui le domaine de Mérignac nourrit 4 bœufs, 2 vaches, un élève et plusieurs porcs dont le nombre varie suivant les époques de l'année.

Tels sont en résumé les faits que votre commission a constatés sur le domaine de Mérignac et pour lesquels elle vous propose de décerner à MM. Valade frères le premier prix comme fermiers.

Domaine de Mauchapt, commune de Thiviers. — M. Saunier, fermier.

Le domaine de Mauchapt est cultivé par M. F. Saunier, qui le tient à ferme de M. Roumy, en vertu d'un bail authentique d'une durée de dix ans, dont six sont accomplis en 1873. Le prix de ferme annuel est de 600 fr., les impôts en sus.

D'après le questionnaire répondu, qui nous a été remis, M. Saunier a déclaré vouloir concourir pour l'ensemble de ses cultures. Ledit domaine de Mauchapt présente une étendue totale de 16 hectares 70 ares 40 centiares entièrement cultivés et dont les soles se répartissent de la manière suivante :

Prairies naturelles	2h 80ar
Artificielles	2 45
Céréales	5 94
Racines fouragères	2 34
Maïs	0 30
Vignes	2 87 40cᵗ
TOTAL égal	16h 70a 40cᵗ

A l'entrée en jouissance de M. Saunier, le domaine était exploité par un colon qui ne donnait au propriétaire qu'un revenu de 300 fr. et ne pouvait nourrir que deux vaches.

D'après une déclaration de M. Saunier, non justifiée cependant par une comptabilité quelconque, le domaine de Mauchapt fournirait aujourd'hui un revenu de 3,580 fr. dans lequel le concurrent déclare ne faire figurer aucune dépense. Il décompose ce bénéfice net de la manière suivante :

Céréales	1,200 fr.
Vin (quatre barriques consommées) mémoire	
Maïs	80
Autres produits	300
Bénéfice sur bétail	2,000
TOTAL	3,580 fr.

Malgré un aussi beau résultat, M. Saunier nous a déclaré n'être pas dans l'intention de renouveler son bail à l'expiration, si le propriétaire veut l'augmenter.

Le 10 juin, votre commission visitait le domaine de Mauchapt, dont je vous demande la permission de vous faire un compte-rendu détaillé, qui sera notre seule réponse à une lettre postérieurement écrite par M. Saunier à votre honorable secrétaire général, M. de Lamothe, laquelle demeure annexée à ce compte-rendu. Cet exposé vous permettra d'apprécier le mal fondé des observations de M. Saunier, relativement à la manière dont votre commission a opéré. Avant de passer outre, il nous paraît équitable de reproduire cette lettre, dont votre sagesse appréciera le contenu :

« Mauchapt, 15 juin 1873.

» M. de Lamothe, j'ai l'honneur de vous prier, si cela vous est possible, de faire un changement à ma déclaration pour l'ensemble de mes récoltes, *vu qu'elles sont peu remarquables*, et que par conséquent, il ne m'est guère possible de pouvoir lutter contre bien d'autres qui auront mieux réussi que moi, de me porter seulement que *comme amélioration de la propriété*.

» Ces MM. de la commission n'ont guère pu juger mon travail, n'ayant vu qu'une faible partie, et puis ne le connaissant pas avant ma rentrée.

» Je compte cependant, si je n'ai pas d'accident, avoir 80

hectolitres de froment et environ 40 à 50 hectolitres d'avoine cette année.

» Le colon que j'ai remplacé donnait environ 300 fr. au propriétaire de revenu et autres.

» Je vous prie d'agréer, etc.   Signé : F. SAUNIER. »

Tout en prenant acte de la demande de M. Saunier de modifier sa déclaration première de concurrent et des motifs sur lesquels il appuie sa demande, il ne nous importe pas moins, pour répondre à sa plainte d'insuffisance d'examen et de connaissance des faits qu'il a accomplis, de vous soumettre les notes et observations recueillies par nous. C'est plus qu'un droit, c'est un devoir, en présence de la haute et délicate mission que vous nous avez confiée.

Le domaine de Mauchapt est assis sur un sol accidenté. Au nord et à l'ouest, c'est un coteau coupé par la route nº 19 *bis* de Thiviers à Saint-Yrieix. Au sommet du coteau se trouvent groupées la maison d'habitation et les servitudes. Y attenant est un plateau qui s'étend de l'est au midi. La nature du sol varie de l'argileux au silico-argileux et donne lieu aux cultures suivantes.

Prairies naturelles. — Immédiatement au-dessous du côté droit de la route, il nous a été montré une pièce de pré naturel , déclarée d'une contenance d'environ 60 ares, assez maigre et peu fournie d'herbe. Cette pièce, d'après M. Saunier, donnait autrefois une charrettée de foin de 1,500 kilos environ. Elle en donnerait aujourd'hui quatre du même poids, soit 6,000 k., ce qui représente à l'hectare 10,000 k. (Je cite les chiffres qui nous ont été fournis, je ne les discute pas ; il en sera de même pour les autres.)

En tirant sur l'ouest, et séparée du pré dont il vient d'être parlé, par une pièce de terre ensemencée de blé, se trouve une autre pièce de pré déclarée d'une contenance de 3 hectares, donnant autrefois 12 charretées, soit 8,000 k. de foin, aujourd'hui 40 charretées représentant 60,000 k. Pour des prés hauts, ce sont là de bien beaux rendements.

A gauche de la route, se trouve une troisième pièce de pré, dont M. Saunier n'a pu nous déterminer ni l'étendue ni le rendement, mais que l'on peut évaluer à 50 ares, garni de joncs sur une partie de son étendue, et où les taupes ont élu domicile.

Ces trois pièces de prés naturels, réunies, représentent une étendue de 4 hectares 10 ares environ, au lieu de 2 hectares 80 centiares déclarés. N'ayant pas eu mission de constater les contenances, nous nous sommes bornés à enregistrer les déclarations faites, sous réserve d'en constater les différences.

Céréales. — *Froment.* — Entre les deux pièces de pré mentionnées en premier lieu existe une pièce de terre ensemencée en froment, et déclarée d'une contenance approxima- tive de 50 ares, de nature argileuse, ayant reçu un chaulage à raison de 100 quintaux à l'hectare et trois ans après 50 autres quintaux. M. Saunier n'a pu nous fixer les époques auxquelles avaient été opérés ces chaulages. Semée à plat, la récolte est assez propre, mais ne présente que des épis maigres d'un blé mélangé et irrégulier. Le rendement nous a été déclaré être de 8 à 10 pour un.

A gauche de la route et au-dessus du pré est une autre pièce de terre ensemencée en blé, déclarée d'une contenance de 4 hectares environ, de nature silico-argileuse, provenant d'un défrichement de bois et chaulée. Votre commission a regretté de ne pouvoir être renseignée par M. Saunier sur les époques de défrichement et de chaulage, non plus que sur la dose de cette dernière opération. Récolte très irrégulière, dans quel- ques parties assez bonne, dans d'autres très-maigre.

Il existerait donc en froment 4 hectares 5 centiares pour les- quels il est employé 6 hectolitres de semences, soit environ 1 hectolitre 30 litres par hectare.

La première année de jouissance, M. Saunier a récolté 18 hectolitres, à la cinquième année (1872), 45 hectolitres, et enfin, en 1873, d'après sa lettre, M. Saunier évalue sa récolte, sauf accident, à 80 hectolitres, soit 13, 33 pour un.

Avoine. — Quant à l'avoine, il est accusé 2 hectolitres de semence ; elle est ensemencée sur le plateau, à l'est des bâti- ments, et enclavée au milieu d'autres cultures telles que betteraves, pommes de terre, choux, carottes, topinambours, maïs, haricots, sur des surfaces plus ou moins restreintes et auxquelles il serait difficile d'attribuer des rendements agro- nomiques. Ces diverses plantes sarclées n'avaient pas encore reçu leur première façon. Dans l'avoine se trouve un semis de trèfle. Là encore M. Saunier n'a pu nous déterminer les surfaces ensemencées.

Prairies artificielles. — A toucher la pièce de blé de 4 hectares, se trouve un trèfle assez mal réussi et envahi par la cuscute.

A la pièce dite du bois Saint-Germain, il en existe une autre étendue dans de meilleures conditions, mais il ne nous a pas été permis d'en connaître ni l'étendue ni le rendement. A ces deux pièces principales il convient d'ajouter une autre parcelle de 18 ares environ conquise par le défrichement de broussailles qui existaient sur une pente rapide au-dessous d'une vieille vigne, coteau nord.

Vignes. — Les vignes se composent de deux pièces d'ancienne plantation, dans un état qui ne permet guère d'en obtenir un produit rémunérateur. Les façons y sont données à bras d'hommes, la taille s'opère sur un et deux yeux. L'importance et l'état de ces deux pièces ne permettent pas de s'y arrêter plus longuement. A la pièce dite du bois Saint-Germain, s'en trouve une autre parcelle, de plantation récente ; elle est sur le point d'arriver à production. Espacée à 1m 60 en tous sens, elle est destinée à être cultivée à la charrue. Contenance indéterminée.

Enfin, à la pièce dite des Landes et sur défrichement de 1 hectare 33 centiares environ, M. Saunier a fait l'année dernière une plantation de vignes. Cette plantation n'étant dans aucune condition du programme, votre commission n'a pas cru devoir aller la visiter. C'est la seule pièce qui ait échappé à son examen, ainsi qu'il résulte de ce qui précède.

Fumiers. — Votre commission, messieurs, s'est également préoccupée, à Mauchapt, des soins donnés aux fumiers. Ne trouvant ni fosses ni aires spéciales, mais seulement deux tas amoncelés sans soins à la porte des étables, il nous a été répondu que les étables étaient vidées tous les huit jours, et que les fumiers étaient portés immédiatement sur les terres auxquelles ils sont destinés, et enfouis. Sur l'observation que cela nous paraissait assez difficile, puisque toutes les terres arables sont ensemencées, il nous a été répondu qu'on les portait dans les vignes. De ces diverses déclarations il est résulté pour votre commission, qu'à Mauchapt les fumiers sont très négligés.

Bâtiments. — *Cuvier.* — Dans le cuvier se trouve un pressoir à lanterne, une grande cuve et une trentaine de barriques vides.

Granges. — *Etables.* — La grange-étable nous a paru laisser à désirer tant au point de vue de l'hygiène que pour le nombre de têtes déclarées, mais bien plus que suffisante pour le bétail qui l'occupe, puisque nous n'y en avons pas trouvé. Il nous a été dit que les vaches étaient au champ et que les bœufs avaient été vendus. La déclaration porte également qu'on nourrit ordinairement six cochons castrés et une truie mère ; nous n'y avons trouvé que cette dernière, de race anglo-périgourdine, bonne.

Instruments d'agriculture. — L'outillage consiste en deux charrues, dont une à age brisé, l'autre à timon roide, et une herse Valcourt.

Tel est, messieurs, le résumé de notre visite à Mauchapt, que l'on nous accuse de n'avoir vu qu'en partie. Il est un point sur lequel nous sommes en plein accord avec le fermier exploitant, c'est qu'il est beaucoup de choses qui laissent à désirer. Cependant votre commission n'en a pas moins constaté que M. Saunier est un intrépide et intelligent travailleur, qui ne se laisse pas rebuter par les difficultés ; qu'il n'est pas sans avoir réalisé sur ce domaine de véritables améliorations, mais qu'elles ne répondent encore qu'en partie aux conditions de votre programme.

En conséquence, et faisant droit à sa demande de renoncer à concourir pour la prime d'ensemble, et de se borner à le faire pour réalisation d'améliorations, votre commission vous propose d'accorder à M. Saunier le troisième prix de la catégorie des fermiers.

DOMAINES DIVERS.

Les Castillères, communes de Condat et de Brantôme.

M. Perrot (Pierre-Alfred), officier de marine, position à laquelle il a dû renoncer par des considérations de famille, est jeune encore. Homme de cœur et d'intelligence, l'oisiveté ne pouvait convenir à son caractère. Les travaux agricoles ont eu ses préférences ; nous devons nous en réjouir et l'en féliciter.

Il y a à peine trois ans que M. Perrot est devenu propriétaire du domaine des Castillères à titre onéreux. Bien qu'il ne se trouve pas dans les conditions du programme pour prendre part au concours, votre commission a pensé qu'il était équitable, non-seulement de lui donner acte de son dévouement au progrès agricole, mais aussi d'enregistrer d'ores et déjà ses premiers travaux, comme point de départ d'une carrière qui promet d'être bien remplie, et de fournir, dans un avenir prochain, un guide aussi éclairé que dévoué aux vaillantes cohortes des travailleurs périgourdins.

Le domaine des Castillères se compose de 47 hectares répartis comme suit :

Prairies naturelles..............................	5ʰ	40
— artificielles............................	3	18
Céréales..	9	»
Racines fourragères.........................	1	»
Maïs...	3	»
Vignes.	12	»
Tabac...	0	20

Instruments et machines. — L'outillage à Castillères se compose de charrues à age brisé, herses roulantes et Valcourt, machine à battre (système Pinet), mise en travail par la roue d'un ancien moulin à blé, situé sur la Côle, en réparation en ce moment. La roue de ce moulin est également utilisée à une prise d'eau pour l'irrigation des prairies.

Bâtiments. — Les colons sont logés dans des bâtiments anciens, mais bien aérés.

Les granges-étables étaient en mauvais état, mal disposées et insuffisantes. M. Perrot en a commencé la réédification sur un nouveau plan. L'écurie des chevaux mérite d'être citée pour sa bonne installation, avec mangeoires en fer et boxes pour quatre chevaux.

Animaux. — Le cheptel vivant se composait de trois paires de bœufs lors de l'entrée en jouissance de M. Perrot ; aujourd'hui on en nourrit six paires, plus deux chevaux de maître.

Les revenus, en 1868, étaient évalués à environ 2,800 fr., aujourd'hui ils sont de 4,500 fr., défalcation faite de tous frais ; plus 650 fr. environ pour la consommation des chevaux non employés aux travaux ; ce qui porte le revenu réel à 5,150 fr.

L'impôt est de 292 fr.

Les récoltes sont évaluées en froment à..........	155ʰ
Avoine...	12
Haricots...	6
Vin..	140

Tabac, revenu insignifiant.

Les bénéfices sur le bétail s'élèvent environ à 2,000 fr.

La propriété des Castillères est divisée en trois métairies et une réserve. Le tout était dans un état de ruine complet lors de l'entrée en jouissance ; il est facile de s'en convaincre, malgré les nombreux travaux déjà accomplis et un instant interrompus, depuis le commencement de la guerre jusqu'à la fin de 1871. A cette époque, M. Perrot, n'écoutant que la voix de sa conscience et de son patriotisme, n'avait pas hésité à reprendre du service dès le début de la guerre. Ce n'est donc qu'en 1872 et courant de 1873 qu'il a pu se remettre à son œuvre.

De toutes parts les champs étaient envahis par d'énormes haies, portant le plus grave préjudice aux récoltes ; la propriété n'étant grevée d'aucune enclave ni servitudes étrangères, M. Perrot a fait détruire ces haies sur une longueur de plus de deux kilomètres et par ce moyen a conquis un excellent terrain et amélioré ses cultures.

Dans cette importante amélioration foncière, M. Perrot a été parfaitement secondé par ses colons, qui, comme il le dit à leur éloge, se sont crus suffisamment rémunérés par l'accroissement de leurs récoltes, pour ne lui réclamer aucune indemnité pécuniaire.

Mais ce n'est là qu'un premier pas. M. Perrot, qui a jugé que sa propriété ne peut lui donner d'importants bénéfices que par les fourrages et les vignes, dirige tous ses efforts sur ces deux points capitaux.

Les vignes existantes se trouvent situées et enclavées entre deux cours d'eau, la Côle et la Dronne, et par suite gèlent fréquemment.

Pour obvier à un aussi fâcheux état de choses, M. Perrot s'occupe en ce moment de défricher et approprier à la culture de la vigne un coteau de nature calcaire et heureusement exposé, pour plus tard détruire les vignes de la plaine, et rendre aux labours et aux prairies une terre qui leur convient mieux. C'est alors que le nombre de têtes de bétail pourra être sensiblement augmenté, les terres mieux fumées, ce qui n'a eu lieu que d'une manière plus qu'insuffisante depuis un temps immémorial.

Tel était, Messieurs, l'état dans lequel M. Perrot a pris la propriété de Castillères, qui chaque jour se transforme dans les meilleures conditions.

C'est donc un profond sentiment de regrets que votre commission, en présence de faits en voie d'exécution, mais non réalisés encore, éprouve de ne pouvoir réclamer aucune récompense pour M. Perrot. Mais elle a la certitude qu'à votre prochain concours vous le compterez au nombre de vos lauréats les plus méritants.

En terminant, s'il nous est permis de donner un conseil à un homme d'autant d'intelligence et d'initiative, nous lui conseillerons, alors qu'il est encore à ses débuts, de se créer une comptabilité régulière, mais là une vraie comptabilité en partie double, comme tout agriculteur devrait en avoir une ; il se garera par ce moyen de bien des déceptions et de fausses manœuvres.

Domaine de Chaffrelière, commune du Bourdeix, appartenant à M. Bosselut.

Le domaine de Chaffrelière, commune du Bourdeix, appartient à M. F. Bosselut, pour en avoir hérité de son père, en 1852.

Chaffrelière est d'une étendue totale de 36 hectares répartis comme suit :

Prairies naturelles......................	8ʰ
Céréales.............................	7
Racines fourragères....................	0 40
Maïs..............................	0 40
Vignes.............................	0 38
Chenevière..........................	mémoire.
Bois, châtaigneraie et landes..........	19 82
TOTAL ÉGAL....................	36ʰ »ᶜ

L'outillage se compose de trois charrues à age brisé et d'une herse roulante, cette dernière depuis un an seulement.

Le bétail se compte par 2 bœufs, 5 vaches et 1 élève ; (les vaches labourent), 3 truies portières et 45 moutons, de très-petite race, et à laine grossière.

La quantité des diverses semences employées est en :

Froment......................	8 hectol.
Seigle......................	2
Avoine......................	2
Maïs......................	0 20
Sarrazin......................	0 25

La famille du colon (Méry Laurent) se compose du chef de famille, âgé de 72 ans, qui préside à tous les travaux ; 4 garçons, dont le plus jeune a 21 ans ; 5 femmes, filles et brues de Méry, et 8 enfants en bas-âge ; total de la famille, 18 per-

sonnes tous très-unis et bons travailleurs. Ce vaillant chef
de famille cultive le domaine de Chaffrelière depuis 22
ans.

Bâtiments. — Ce n'est pas sans un pénible sentiment que
nous abordons cette partie de l'exploitation, surtout en ce qui
concerne le logement de cette nombreuse et intéressante
famille. Situés dans le village de Chaffrelière, assis à mi-
coteau sur un terrain des plus accidentés, ils offrent un aspect
des plus fâcheux, car outre la vétusté et le mauvais état de
ces bâtiments, où l'air et la lumière ne pénètrent que lorsque
les portes pleines sont ouvertes, se trouve entassée en deux
logements séparés, une famille de 18 membres, hommes,
femmes et enfants.

Le plus important, celui où la famille prend ses
repas, se compose de deux chambres ; dans la principale se
trouvent trois lits, et, dans une petite pièce sur le derrière,
sans autre aération qu'une petite ouverture, un autre
lit.

Dans un autre bâtiment en face, qui reçoit le jour par une
croisée de 0,50 cent. environ, on compte deux autres lits,
soit ensemble six lits pour 18 personnes de tout âge et de
différents sexes. C'est là un fait des plus regrettables, sur
lequel la commission se permet d'attirer l'attention du propriétaire, dont l'honorabilité et les sentiments lui sont connus, mais qui, habitant loin de Chaffrelière, peut ignorer ou
perdre de vue cette situation.

Des faits de cette nature sont beaucoup trop communs
dans l'arrondissement de Nontron, pour ne pas vous être
signalés de nouveau, et nous dirons avec un de nos anciens
collègues qui, dès 1863, attirait l'attention du comice sur ce
point : « L'administration et les propriétaires terriens ont de
graves devoirs à remplir envers ces intéressantes populations;
nous primons les améliorateurs des races d'animaux domestiques, ne devrions-nous pas nous occuper un peu de la race
humaine ? » (Compte-rendu du comice de Nontron pour l'année 1863, page 50).

Les autres bâtiments d'exploitation, de très-ancienne construction, sont mal groupés, mal agencés et mal aérés. Ceci se
rapporte aussi bien à l'étable à bœufs qu'aux toits à porcs et
à moutons.

Les fumiers ne reçoivent aucun soin ; par suite il doit en
résulter de grandes pertes.

Le devant des habitations comme des étables est inaborda-
ble, conséquence des cloaques infects, surtout devant la maison

du colon ; c'est un fait qui peut devenir très-préjudiciable à la santé.

Avant de quitter ce point de nos appréciations, nous ne croyons pas inutile de signaler à qui de droit un fait de superstition de la plus grossière et de la plus dangereuse espèce, dont nous n'entendons pas faire peser la responsabilité sur le propriétaire de Chaffrelière, mais qui ne mérite pas moins d'être mentionné ici, ne serait-ce que pour le flétrir et dans l'espoir d'attirer l'attention de l'autorité sur un fait qui a de si grands dangers pour la vie des hommes et des animaux, surtout pendant le temps des grandes chaleurs ; c'est l'usage où sont les habitants de la contrée, et de ce village en particulier, d'étaler sur les buissons, proche des habitations, les délivres des vaches qui ont vélé, et de les laisser là se consumer aux mouches et par la pourriture, sous prétexte que la vache et le veau mourraient si on les enfouissait ; rien de plus stupide, de plus dégoutant et de plus dangereux.

Il est encore bien d'autres croyances aussi absurdes, mais moins dangereuses ; nous ne nous y arrêterons pas plus longtemps, nous avons hâte d'arriver aux cultures que nous avons visitées à Chaffrelière et qui font l'objet principal de ce rapport. Les récoltes en terre sont en général en assez bon état, notamment dans une pièce de 7 hectares, située sur le plateau, et bornée d'un côté par la route du Bourdeix, à Nontron.

Le terrain, de nature argilo-siliceuse, provient du défrichement d'une ancienne châtaigneraie, paraît fertile et est ensemencé de différentes récoltes telles que trèfle, betteraves, haricots, avoine, blé, etc. Les betteraves cultivées, par repiquage, étaient belles pour la saison ; les blés semés à plat, quoiqu'en assez bon état de culture, dénotent par leur inégalité et la maigreur des épis, une semence qui aurait besoin d'être renouvelée et aussi qui se ressent du peu de soins donnés aux fumiers.

Cette pièce de terre est bornée du côté de la route par un talus de terre végétale, de près d'un mètre d'élévation. Ce serait là une mine féconde d'amendements pour d'autres terres, en même temps que son enlèvement faciliterait l'écoulement des eaux qui, paraît-il, fatiguent fréquemment la pièce en question.

De l'autre côté de la route se trouve une assez grande étendue de landes en voie de défrichement et ensemencée en avoine mal réussie.

En revenant sur le village, se trouve une vigne en terre

forte, à souches basses, âgée de 16 à 17 ans, mélangée de cépages rouges et blancs, taillée sur deux yeux.

Les prés, bons dans quelques parties, laissent beaucoup à désirer; ils nous ont paru tous d'assez ancienne création.

Le colon coupe son bois de chauffage beaucoup trop tard ; on venait de faire cette coupe au 14 de juin; cette manière de faire nous a semblé porter un grave préjudice à la santé des arbres pour n'obtenir qu'un combustible de mauvaise qualité. C'est, il faut le dire, une de ces fâcheuses conditions, inhérentes à l'absence du propriétaire, dont la présence, la surveillance et les conseils sont toujours si nécessaires.

D'après ce qui précède , votre commission , messieurs, considère le domaine de Chaffrelière comme ne remplissant aucune des conditions de votre programme.

Domaine de Laborie-Saunier, commune dé Champagnac-de-Belair, ayant appartenu à M. de Taillefer.

M. le marquis Wlgrin de Taillefer, l'un de vos plus anciens et plus sympathiques collègues, a, pendant un grand nombre d'années, plus de 30 ans, administré la terre de Laborie-Saunier, sur laquelle il a opéré d'importantes améliorations. M. de Taillefer, pour des motifs que nous ignorons et que nous n'avons pas à rechercher, a vendu cette terre, depuis plusieurs mois. Sa jouissance comme son administration ont cessé : par suite est-il encore dans les conditions du programme ? A vous seuls, messieurs, appartient de trancher la question. Quoi que vous en décidiez, votre commission n'a pas cru outrepasser ses pouvoirs, en se rendant au désir de M. de Taillefer, et en visitant les constructions agricoles qu'il a fait restaurer ou construire, et qui sont l'objet principal de sa demande.

M. de Taillefer ne s'est pas montré seulement, sur la terre de Laborie, un dévoué et intelligent agriculteur, il a été également le digne continuateur des traditions humanitaires et philanthropiques, héréditaires dans sa famille. Il est du nombre de ceux qui comprennent que le travailleur des champs ne fait pas exception aux lois éternelles de l'humanité, et qu'un logement salubre, bien aéré, et commodément distribué, est d'une influence salutaire sur les forces physiques et la moralité de la famille.

Dès son entrée en jouissance, il trouve les logements des colons particulièrement, dans un état de vétusté et d'insalubrité tel, que son cœur d'homme et de chrétien s'en est ému ; sans plus tarder il a mis courageusement la main à l'œuvre.

Au village dit de Laborie, le régisseur, M. Delord, nous a montré trois logements de colons, composés d'un rez-de-chaussée avec greniers au-dessus, dont la reconstruction remonte au moins à 15 années. En face se trouvent les étables, et derrière les habitations de colon sont les étables à porcs.

Dans le parc et en face du château, il existait un vaste hangar. M. de Taillefer, ayant créé une nouvelle métairie, transforma ce hangar en logement de colon, étables et autres servitudes. A l'autre angle de la façade du parc, il fit construire un vaste pavillon servant de bûcher et remplaçant le hangar transformé ; il fit relier ces deux corps de bâtiments par un mur à hauteur d'appui, surmonté d'une grille monumentale en fer, servant d'ornement et de clôture de sûreté au château.

Pour ces diverses constructions, M. de Taillefer utilisa la pierre provenant de la démolition d'un vieux moulin, devenu une charge pour la terre de Laborie ; ces divers travaux remontent à 1848 et furent entrepris autant par esprit d'humanité dans un temps difficile, que dans un but d'utilité.

Au lieu dit le Libourny, il a été créé trois métairies obtenues sur des défrichements avec constructions de logement pour les colons et servitudes.

Poujade est encore une métairie de création nouvelle, formée de terres défrichées, avec constructions.

Puyfosset et Puyservier sont également des conquêtes et des créations dues aux soins prévoyants de M. de Taillefer. Enfin, la métairie du Boussay porte les marques d'importantes améliorations et réparations aux bâtiments.

Dans la situation des choses, votre commission ne s'est pas préoccupée de l'état des cultures. En terminant ce rapide examen, votre commission, messieurs, ne peut qu'exprimer de nouveau ses regrets de n'avoir pu se livrer à un examen détaillé des cultures, qui n'aurait probablement pas manqué d'intérêt. Elle regrette également son impuissance à se prononcer sur l'opportunité d'accorder à un de vos collègues les plus éminents, la récompense si justement due à sa longue carrière. A vous seuls, messieurs, appartient le soin de cet acte de justice distributive.

Conclusion.

En résumé, messieurs, votre commission, en remettant entre vos mains le mandat que vous lui aviez confié, est heureuse de pouvoir vous exprimer le bonheur qu'elle a ressenti de rencontrer, parmi les nombreux concurrents, tant et de si éminents agriculteurs, dont les travaux incessants vous secondent si bien dans l'œuvre que vous poursuivez.

L'arrondissement de Nontron, sans être l'un des plus étendus du département, n'en est pas moins, disons-le, appelé à devenir l'un des plus riches de la Dordogne. Il a beaucoup à faire sans doute, mais avec un sol heureusement accidenté et des plus variés, des eaux abondantes et fertiles, des voies de transport qui s'améliorent et se multiplient, et par-dessus tout un généreux élan vers les travaux agricoles, qui gagne de proche en proche toutes les classes de travailleurs, il n'est pas douteux qu'il n'arrive à prendre place au premier rang.

A tous les avantages que nous avons indiqués, il convient, pensons-nous, d'ajouter sa richesse minéralogique, ainsi qu'une flore variée. Ce sont là autant de sujets dignes de votre sollicitude et sur lesquels nous prenons la liberté d'attirer votre attention.

Nous ne saurions, non plus, terminer sans exprimer ici notre vive gratitude pour la gracieuse et large hospitalité que nous avons rencontrée auprès de tous.

En adoptant les conclusions de ce rapport, auquel nous avons cru devoir donner quelques développements afin d'y marquer une place bien déterminée à la situation agricole en 1873, vous aurez fait justice.

D'un autre côté, si nous nous sommes laissé entraîner à quelques critiques, il demeure bien entendu que nous n'avons eu en vue que les choses et non les personnes, comme aussi nous espérons que vous voudrez bien n'y voir que le désir de notre part d'accomplir avec impartialité une mission bien lourde et bien délicate que nous nous sommes efforcés de placer à la hauteur des circonstances qui président à l'avenir du pays.

S'il nous est arrivé, en présence d'un travail aussi considérable, de commettre quelqu'erreur, ou omission, nous sommes tout disposés à les reconnaître et à donner pleine et entière satisfaction à qui de droit.

La seule ambition à laquelle nous aspirions est de penser

que, de notre travail, il ressortira pour tous la conviction que nous avons fait acte de la plus large impartialité, et que nous avons accompli notre mission avec tout le zèle qu'il nous a été possible d'apporter à une œuvre aussi utile au pays.

Pour la commission :

Le secrétaire rapporteur,

G. GOUGUET,

Périgueux. — Imprimerie Dupont et Ce.

www.ingramcontent.com/pod-product-compliance
Lightning Source LLC
Chambersburg PA
CBHW050606210326
41521CB00008B/1142